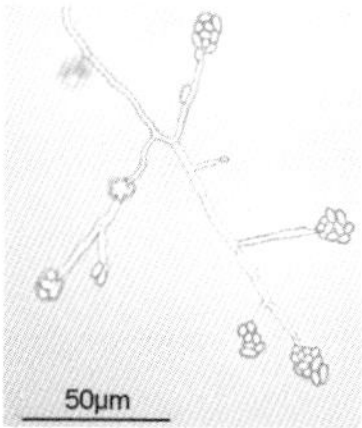

口絵 1
病原菌*Raffaelea quercivora*の
光学顕微鏡写真

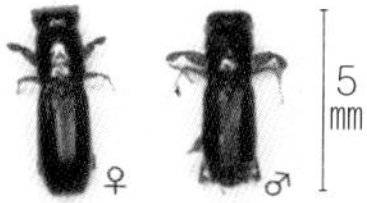

左:雌、右:雄

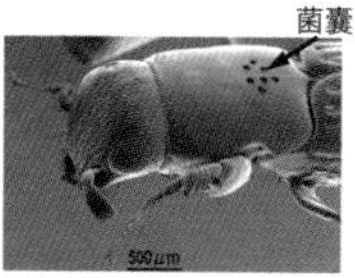

雌の前胸背の菌嚢
(mycangia)

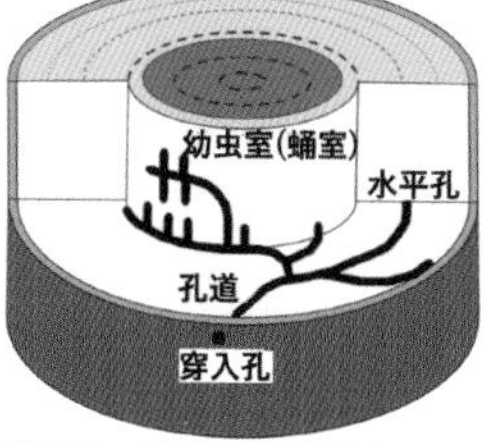

樹幹内の孔道(衣浦晴生原図)

口絵 2　カシノナガキクイムシ*Platypus quercivorus*
と樹幹内の孔道形成

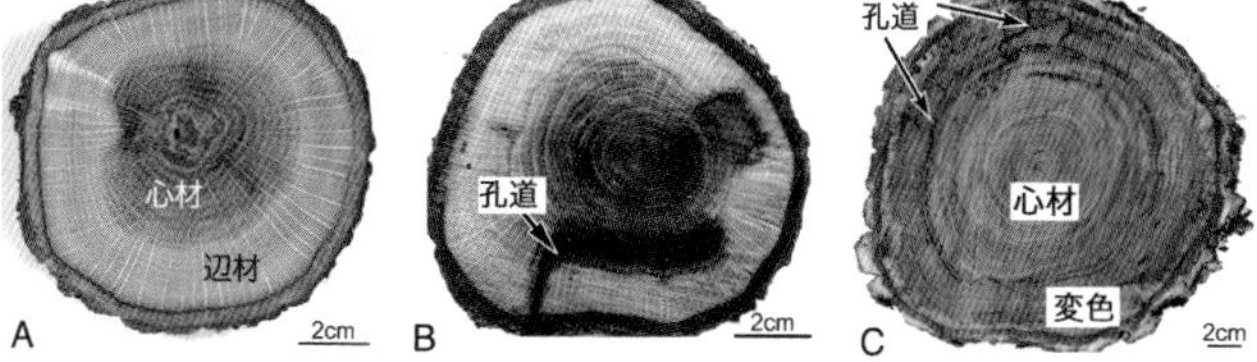

口絵 3　ナラ枯れ被害木の断面に見える材変色

A：健全木　B：カシナガの繁殖が不活発で枯れない場合
C：病原菌繁殖により辺材が変色して通水が全面的に停止

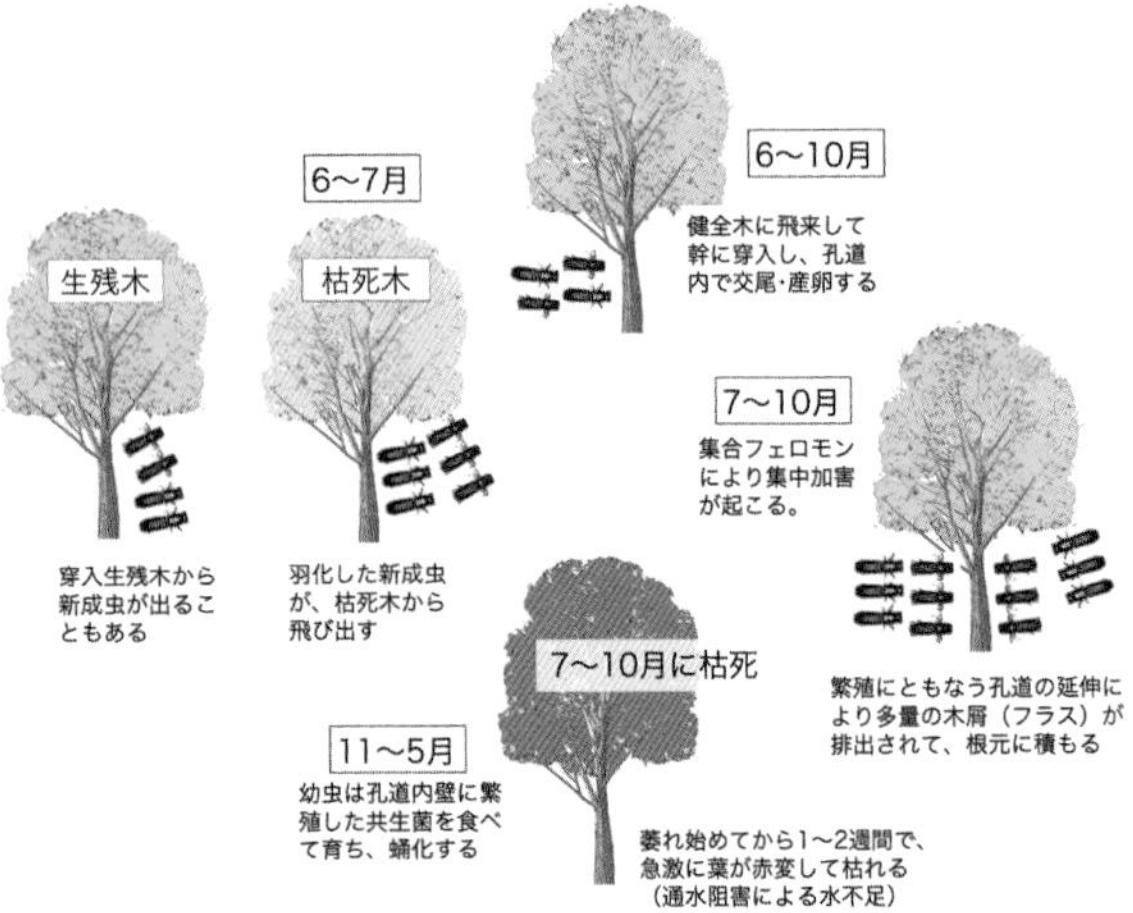

生残木
穿入生残木から新成虫が出ることもある
6〜7月
枯死木
羽化した新成虫が、枯死木から飛び出す
6〜10月
健全木に飛来して幹に穿入し、孔道内で交尾・産卵する
7〜10月
集合フェロモンにより集中加害が起こる。
繁殖にともなう孔道の延伸により多量の木屑（フラス）が排出されて、根元に積もる
7〜10月に枯死
萎れ始めてから1〜2週間で、急激に葉が赤変して枯れる（通水阻害による水不足）
11〜5月
幼虫は孔道内壁に繁殖した共生菌を食べて育ち、蛹化する

口絵４　ナラ枯れ発生とカシノナガキクイムシの生活史

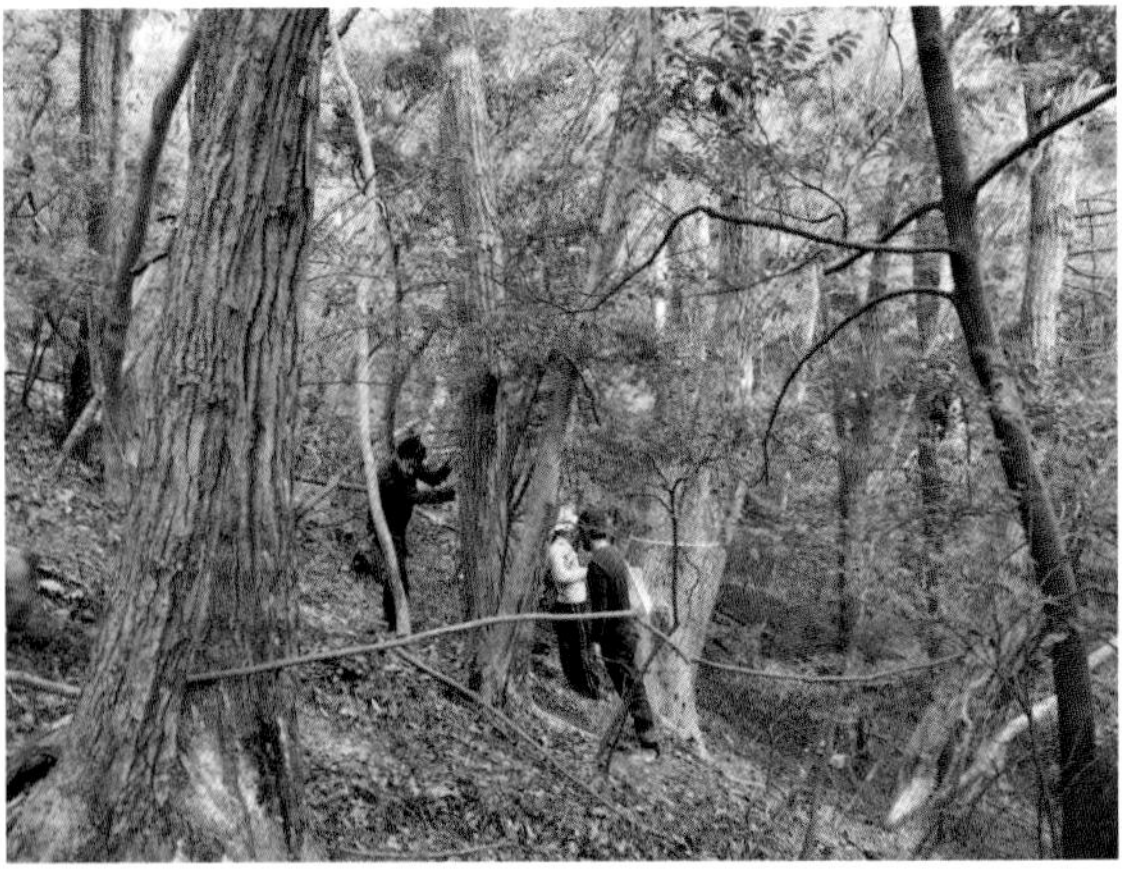

口絵５　天然林に分類された放置薪炭林

照度低下とニホンジカの食害により林床の植物が消滅
(兵庫県丹波篠山市)

薪炭林施業（低林管理）
15～30年程度の周期的伐採。若齢林で肥料や燃料採取に利用。カシノナガキクイムシは繁殖しない。

放置された高齢里山林
1950年代から資源利用のための伐採を中止。ナラ、カシ類の大木化により、カシノナガキクイムシの繁殖が活発。

公園型・大木温存型整備
大木は伐採せず、林床の刈り払いが中心。
カシノナガキクイムシの林内飛翔が容易になり、ナラ枯れ被害が放置林よりも増える。森林として持続しない。

口絵６　放置林と大木温存型管理の問題点

萌芽による株立ちのコナラの大木

二次林の繁茂によって日陰が増加（矢印）

口絵７　「となりのトトロ」に描かれた1980年代の放置里山（スタジオジブリ公開許可画像）

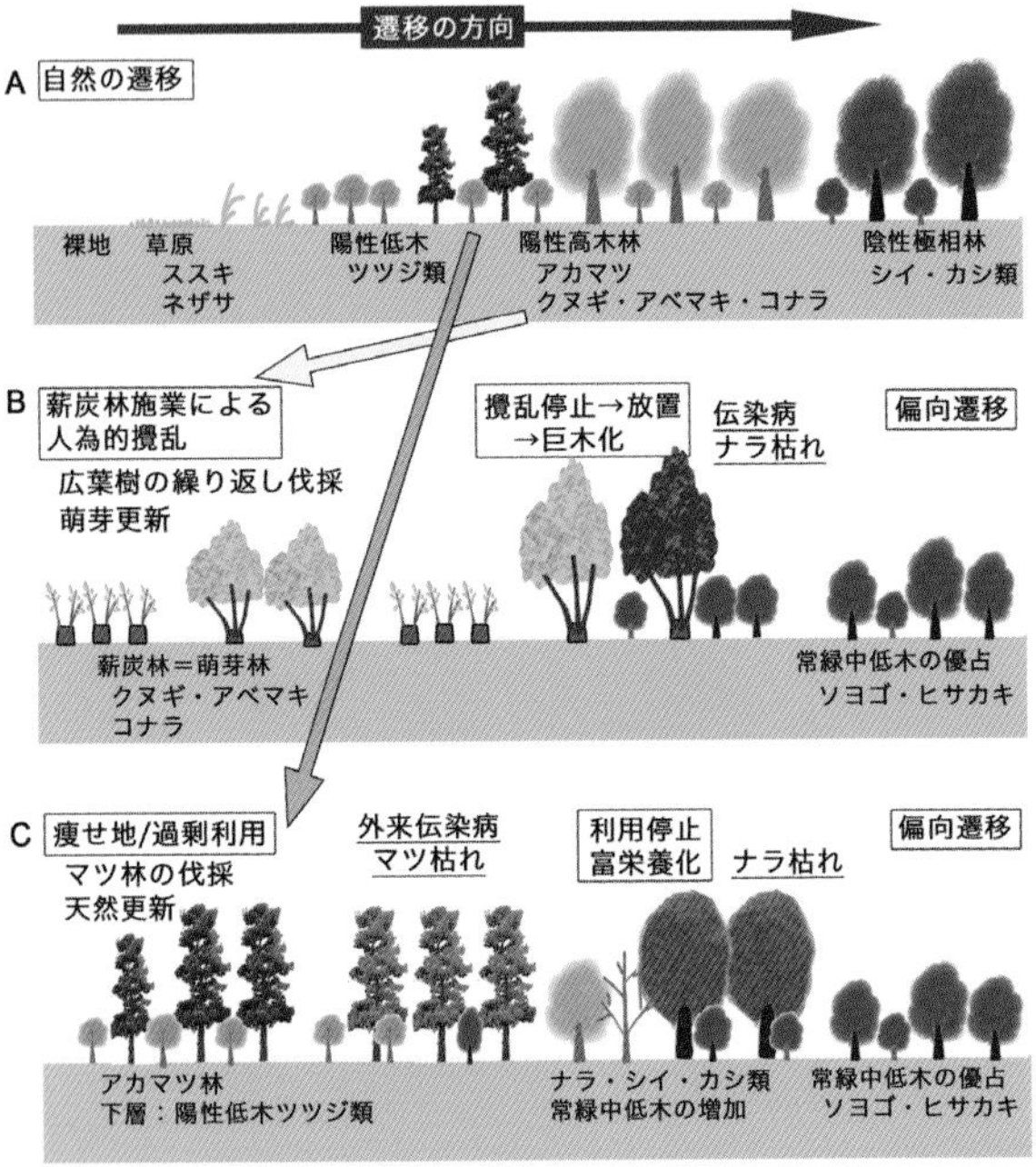

口絵8　資源利用と放置の影響

人による攪乱（伐採）が続くと遷移が途中で止まるが、使わずに放置するとバランスが変化し、病虫害の多発などがある。極相林が安定なわけではない。マツ枯れ、ナラ枯れが続いた近畿中国地方の例

口絵9　自然の風景とは

A:春日山原始林（奈良市）B:針葉樹人工林（三好市）C：ナラ類の薪炭林（丹波篠山市）D：里山の風景を模した庭園、無鄰菴（京都市）

カシノナガキクイムシはシートに覆われていない部位に穿入できる

口絵10　シート被覆による防除の失敗

口絵11
穿入生残木への
腐朽菌感染と折損(京都市)

口絵12　穿入生残木の特徴

辺材が部分変色でとどまって通水が持続した場合は、生き残る場合がある

口絵13　大山山麓のミズナラ集団枯死
（鳥取県大山町大山、2020）

口絵14　災害発生の危険性が高い急斜面の集団枯死
（大山、2020）

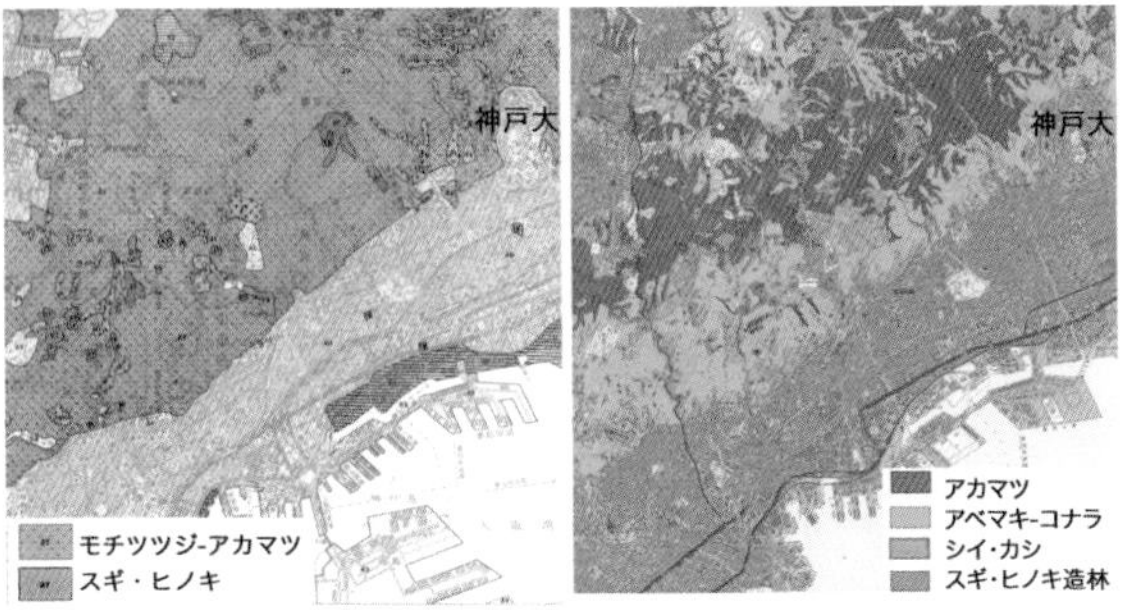

口絵15　1979年調査(左)と1999年調査(右)の森林植生の遷移(神戸大学周辺)

マツ材線虫病（マツ枯れ）によりアカマツ林が減少し、ナラ・カシ類など広葉樹が増加した。さらに近年はナラ枯れが増加している。環境省植生地図より改変

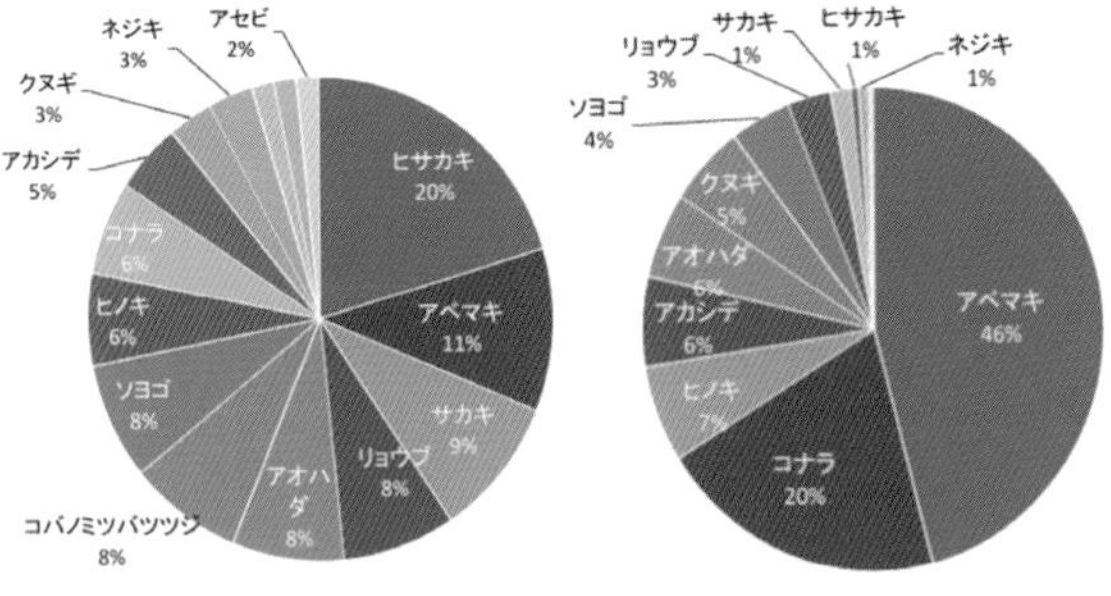

A: 個体数による構成割合　　B: 幹の断面積割合

口絵16　高齢里山林の構成樹種(兵庫県丹羽篠山市)

A：個体数ではヒサカキ、サカキなど常緑中低木の本数が多い
B：幹の断面積による割合では大木のアベマキとコナラが大半を占める

口絵17
伐採された切株からの
萌芽(長野県大町市)

地際から出た萌芽は
生育しやすい

口絵18　景観整備で実施される林床の下刈り
(神戸市北区)

若木と芽生えが除去されるので、森林として持続しない

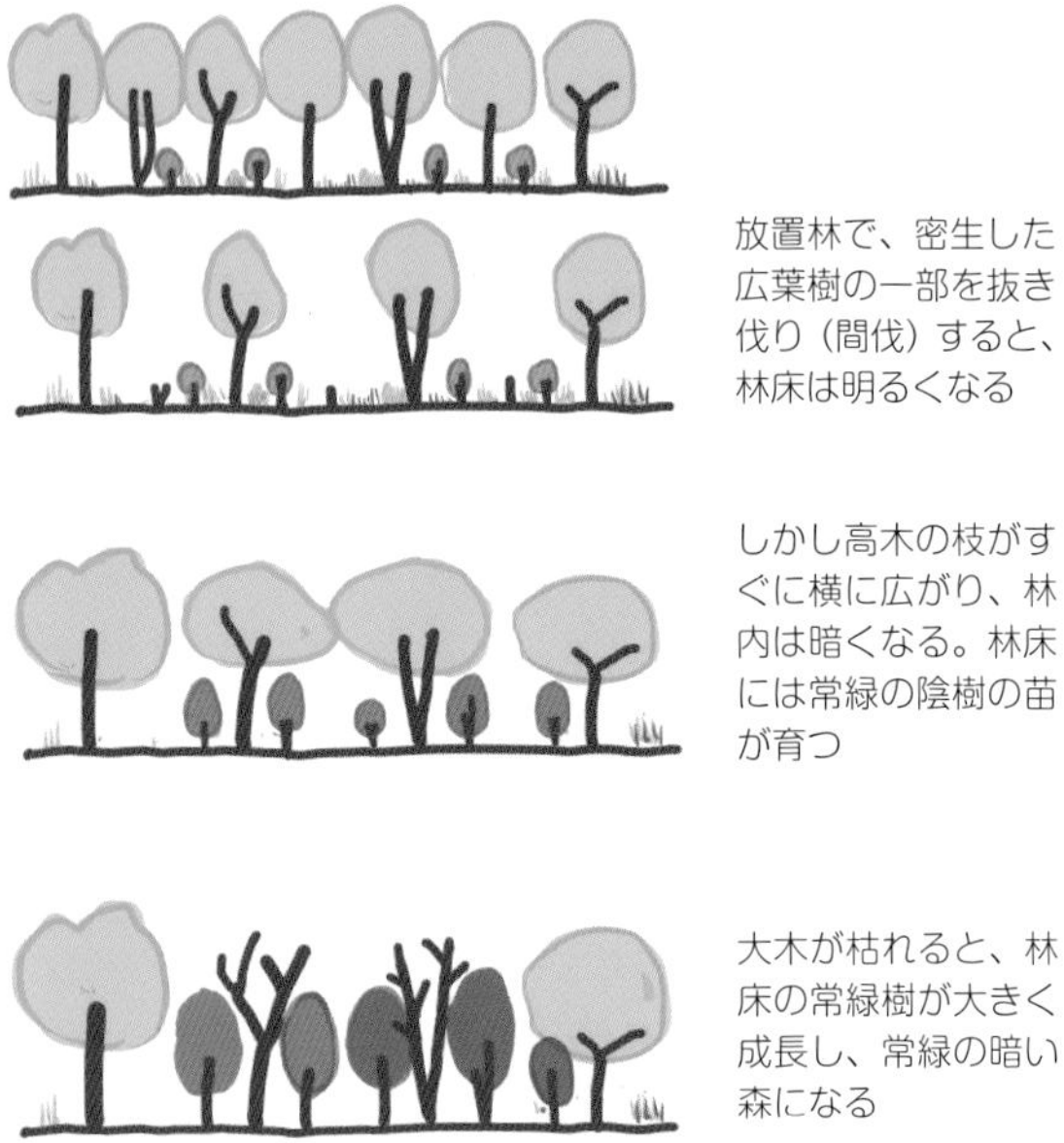

放置林で、密生した広葉樹の一部を抜き伐り（間伐）すると、林床は明るくなる
しかし高木の枝がすぐに横に広がり、林内は暗くなる。林床には常緑の陰樹の苗が育つ
大木が枯れると、林床の常緑樹が大きく成長し、常緑の暗い森になる

口絵19　広葉樹林はなぜ間伐しないのか

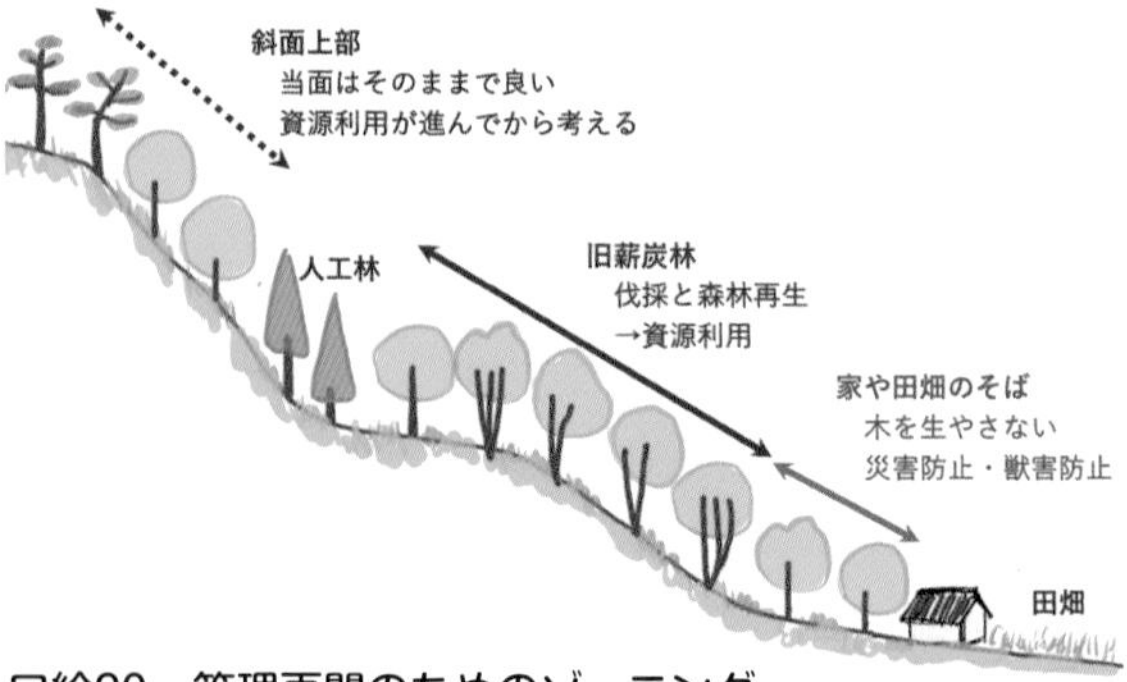

口絵20　管理再開のためのゾーニング

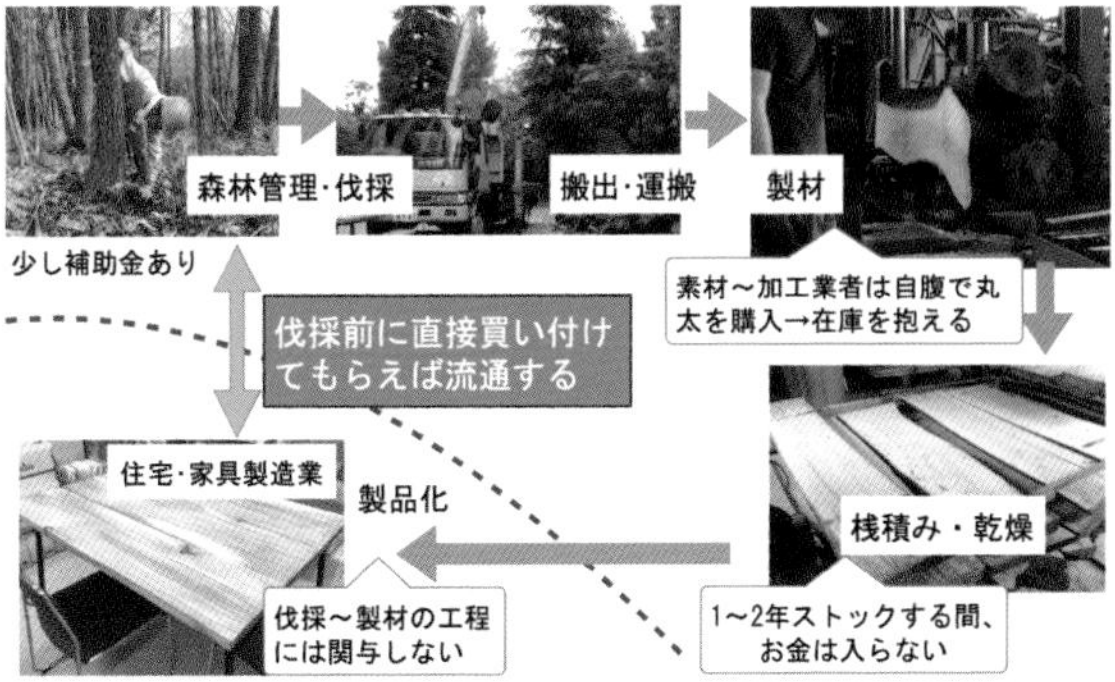

口絵21　流通の課題：お金とモノの流れ

伐採から木材販売までの工程が多く、乾燥に要する期間が長いため、製材業の経済的負担が大きい。立木の段階で購入者（企業）が決まれば、国産広葉樹材は流通する。

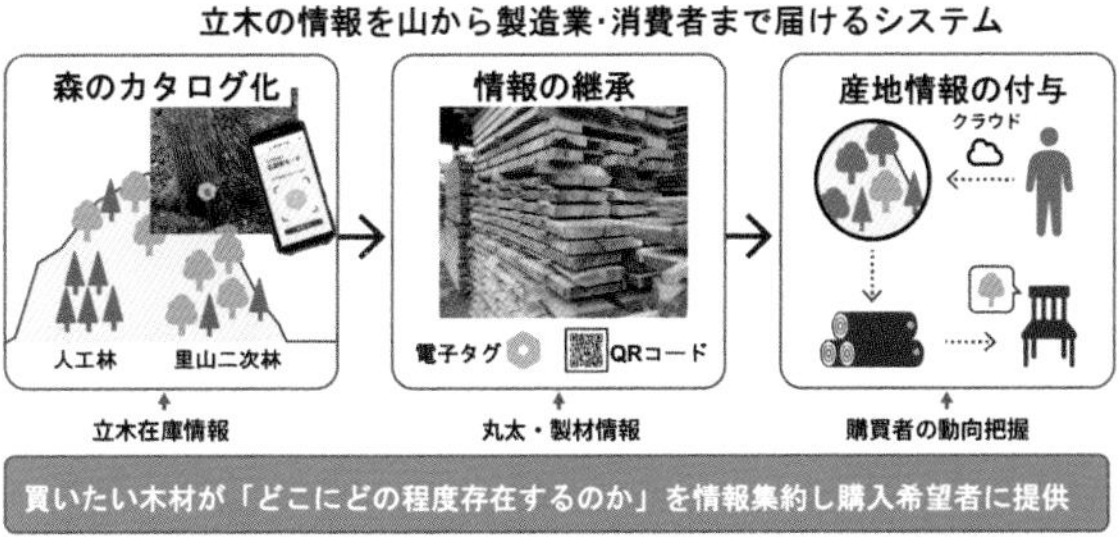

口絵22　伐採前の森のカタログ化と情報の受け渡し

口絵23　里山林の伐採前(A)と伐採後(B)
および家具の製作例(C)

(神戸市北区淡河町、家具：SHAREWOODS 提供)

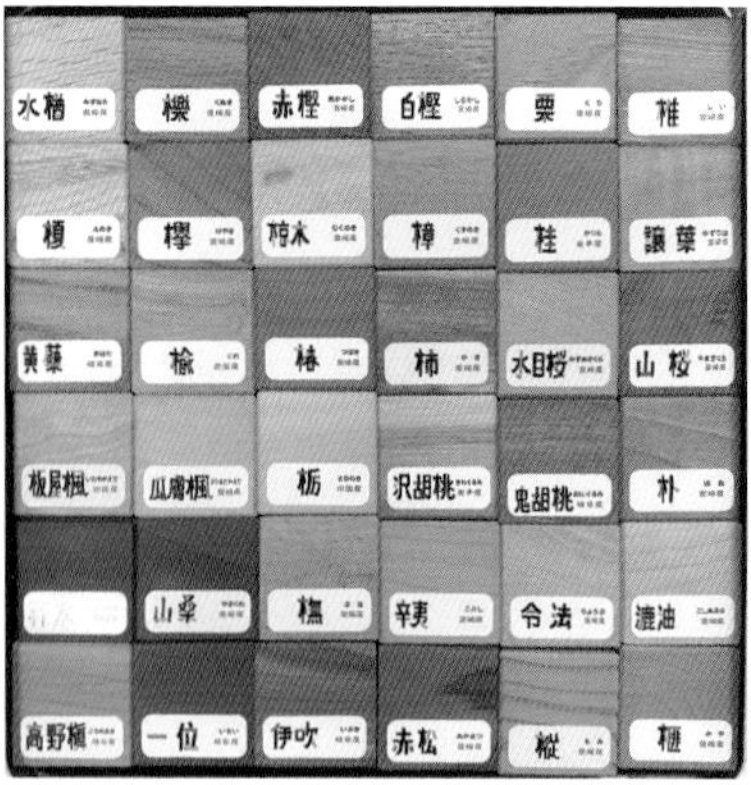

口絵24　里山二次林の多様な広葉樹材

大五木材の「森のかけら」より

口絵25　用材になりにくい曲がり材と小径材

1) 樹木のカスケード利用

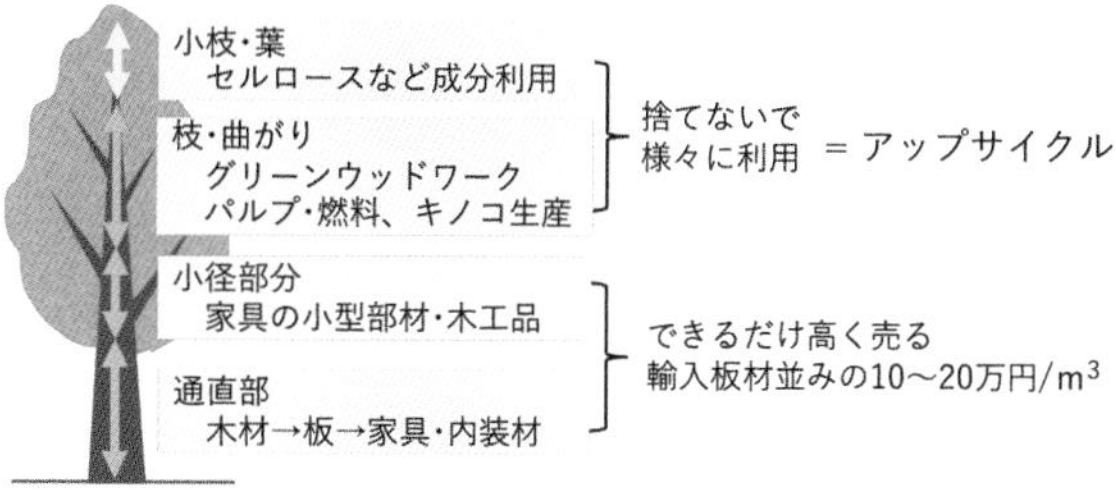

2) 野生獣類　・・・ジビエの普及、毛皮、角
3) 無形の資源・・・里山体験、農家民宿など
⇨ 樹木以外の多様な資源を見つけ出す

口絵26　カスケード利用と合わせ技で儲ける

口絵27　枝ものとして人気が出たアセビ

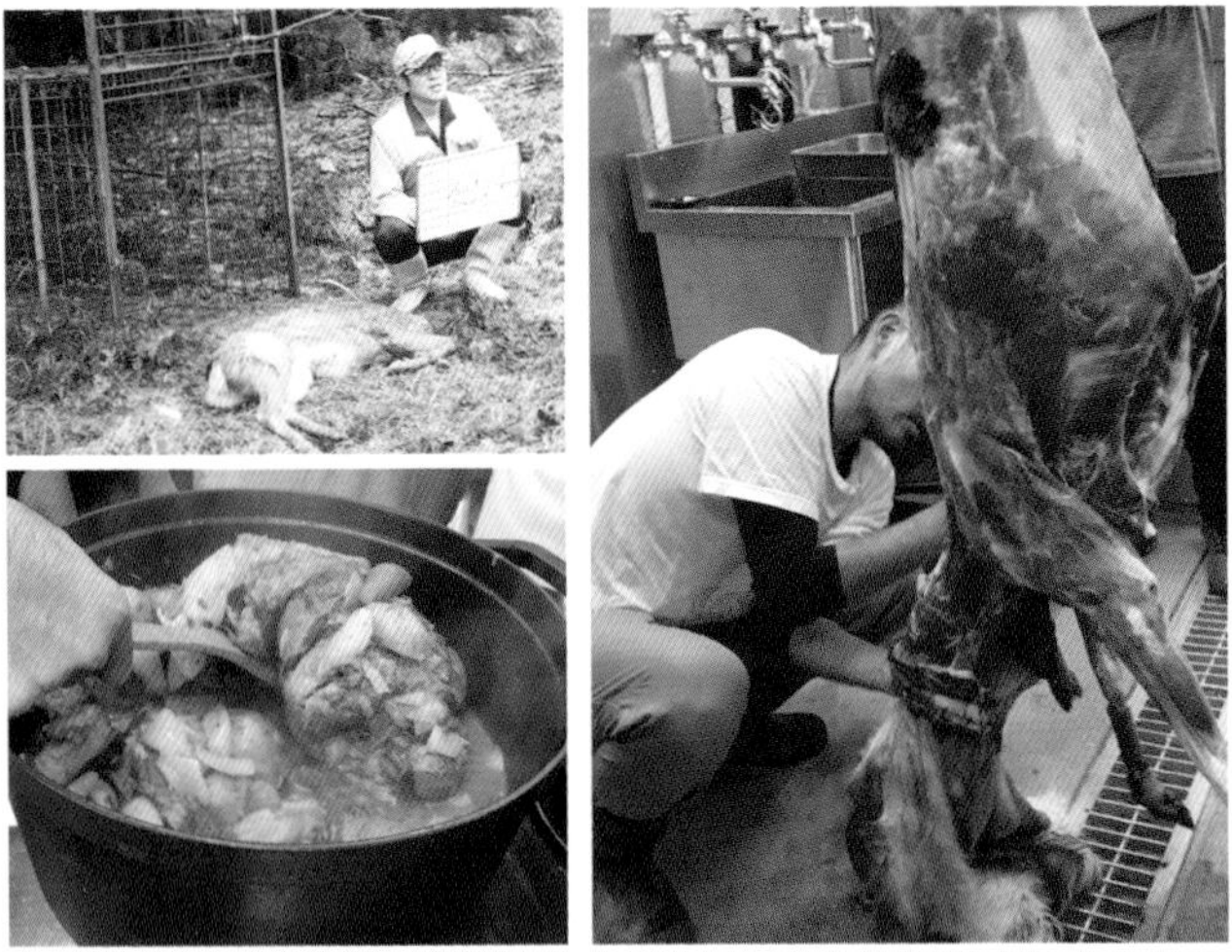

口絵28　ニホンジカの解体と鹿肉の煮込み料理
（兵庫県丹波篠山市）

口絵29
有馬温泉の近隣で
里山散策ツアーの試行
(神戸市北区有野町)

口絵30
ストックヤードの整備
(出典:Google map)
と材の保管

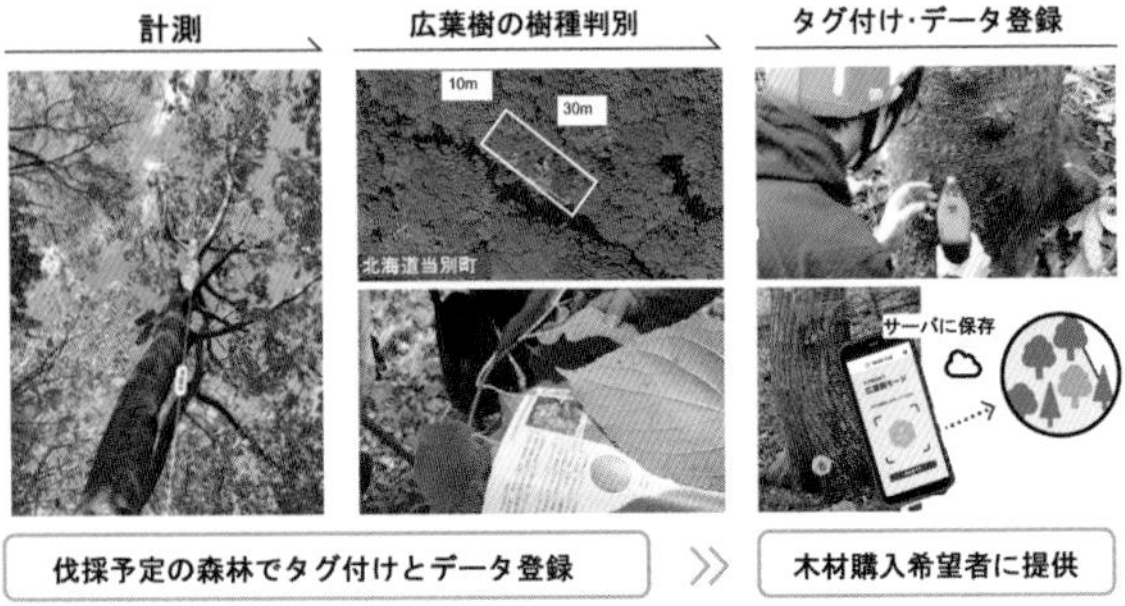

口絵31　立木デジタルカタログの作成手順

口絵32　林内の電子タグ付けとの調査風景
（長野県大町市）

ナラ枯れ被害を防ぐ
里山管理

黒田慶子 編著
Keiko Kuroda

林業改良普及双書 No.204

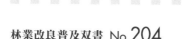

はじめに

ナラ枯れの正式病名は「ナラ・カシ類萎凋病」で、養菌性キクイムシ（カシノナガキクイムシ）が病原菌（真菌類）を媒介する伝染病である。ブナ科のナラ類やシイ、カシ類などドングリのなる木々が北海道を除く日本各地で夏～秋に急激に枯れる。ただしブナには枯死被害がない。ナラ枯れは江戸時代の発生が確認され、日本在来の病気であることと、地球温暖化や酸性雨とは無関係であると判明した。しかし1990年代以降に被害が増え続け、被害地が拡大したことから、森林生態系の変化に伴う現象であることがわかってきた。つまり、人間が作って維持してきた薪炭林の放置と高齢化である。

2008年出版の「林業普及双書№157　ナラ枯れと里山の健康」（黒田2008）では、ナラ枯れの防除手法を示すと共に、里山の管理再開が被害軽減に有効であり根本的な解決策であると解説した。今回、本書ではその見解の重要性が逆転し、以下のような考え方で執筆している。

（1）枯死木を伐って殺虫処理していく防除では、被害木（枯死、生残）の完全処理はほぼ不可能である。カシノナガキクイムシ（以下、カシナガと略記）の繁殖が減らないと被害軽減は難しく、公的な予算はやがて枯渇する。

（2）生きている木を伐って萌芽再生で若齢林にすると、カシナガの繁殖を減らせる。それにより里山林の持続と健康回復を促せる。枯死木に限定でない管理が必須である。

つまり、枯死木に振り回されるのではなく、将来に投資すべしという意識の転換である。まだ枯れていない健全木を含めて伐ることが大事で、被害林も未被害林もリセットが必要という判断である。

前書の出版当時は、行政の防除責任者が被害増加のメカニズムを理解し、被害軽減のポイントをしっかり把握されている場合は、公的予算を投じて封じ込めるのは不可能ではないという判断であった。それはマツ材線虫病（マツ枯れ）の場合と同様である。しかしながら2010年ごろからは被害地が拡大し、病害防除専門家がいない府県や市町村の行政では、防除の戦略戦術を立てられなくなった。被害が減らせない理由は、病気のメカニズムを理解すれば納得できることで、森林病虫害の防除は完璧に実施しないと効果がないのである。このような状況で、「予算が足りないから被害は放置する」あるいは「予算がある分だけ枯死木を伐る」という自治体がでてきた。しかし対策を諦めるという判断では、森林生態系の安定性を失うだけでなく国土保全上の問題につながり、身近な問題としては枯死木による事故のリスクが高まる。

ナラ枯れの特徴は、最初の枯死に気づいてから2~3年様子眺めをしていると、枯死本数が一気に数百本レベル以上になることである。枯死木を伐倒して薬剤による殺虫を行う「防除」には労力と費用がかかるので、最初は百万円程度の予算で何とか対応しても、すぐに対応できなくなる。森林の伝染性病害としてはマツ枯れがよく知られているが、被害が面的に広くなる森林病害は、人の手で食い止めることは極めて困難なのである。残念なことに、近畿と東北地方の被害が多かった2010年ごろまでの科学的な発見や経験が、近年の関東地方その他の被害地では認識が進んでおらず、対策に生かされていないのが実情である。管理責任者が、被害発生地の生態や樹木の状態を十分観察しないまま、古いマニュアルや他の自治体の報告を読んで行動する点も、近年の課題として指摘したい。

里山二次林の成り立ちの歴史や放置高齢林の特徴を把握すると、景観的な整備だけでは森林は持続しないことと、循環的な資源利用の重要性に気づくことができる。里山二次林を健康な森として持続させるという「予防医学」に視点を移す必要があり、本書では森林の資源循環を意識して解説した。ナラ枯れ対策ではなく、その先を目指した里山管理再開の手法や、資源流通の新たな仕組みへと話題を発展させている。なお、森林環境譲与税などを利用して、行政の事業として取り組む方法については、松岡達郎氏（元神戸市）が解説を担当した（7章1）。

本書では「ナラ枯れとは何か」という基礎的なことがらは概要の解説のみのため、まずは前書で病気発生の仕組みを十分理解していただきたい。一方、各地の被害状況の比較や観察例の増加から、新規の発見や様々な気づきがあり、2008年当時の解説が現実に合わない点も見つかっている。本書ではそれらを加筆修正したので、相違点に注意していただければ幸いである。学術文献の引用は主要なものにとどめた。前書では詳細に引用しているので、それを参照してほしい。本書では主に第2部に関連する動画やインターネットで閲覧できる資料を紹介している。

本書のねらいは「資源の循環的利用で森林が持続する」ことへの気づきである。ナラ枯れという現象が教えてくれた生態的バランスの重要性を認識してほしい。

2023年1月

目次

第１部

広葉樹二次林の現状とナラ枯れ

1章 ナラ枯れとは

1. 原因と被害の概要

ナラ・カシ類萎徴病（以下、ナラ枯れと表記）の感染と発病の仕組みについては、本書では概要のみ解説する。本病への対策と里山二次林の管理には、基本的な知識が不可欠なため、まず、「林業改良普及双書№157 ナラ枯れと里山の健康」（黒田2008・以下、前書）の1章～4章を理解してから本章を読んでほしい。

病原菌と媒介昆虫の役割

樹木の病気は、葉や枝が枯れるタイプや木質部の腐朽などがあるが、ナラ枯れ（ナラカシ類萎徴病）やマツ枯れ（マツ材線虫病）のように、樹木の全身が一度に枯れる病気を萎徴病《いちょうびょう》と呼ぶ。

病原菌ラファエレア・クエルキボーラ（*Raffaelea quercivora*）＊（図1-1、口絵1）はカビの仲間（真菌類）である。この菌は養菌性キクイムシであるカシノナガキクイムシ（*Platypus quercivorus*、以後カシナガと略記）（図1-2、口絵2）に媒介される。この病原菌は食料用の別種の菌とともにカシナガの前胸背にある菌嚢に保持されて健全木に持ち込まれ、新たな感染が起こる。

ナラ枯れは、外観的には夏ごろに突然枯れたように見えるが、感染は初夏ごろからであり、樹木の突然死ではない。感染木の組織内部では、侵入した微生物に対する防御反応が起こる。樹木の細胞と病原体との攻防が続いたあと、後述するような現象で、樹木が生命を維持できなくなって、萎れや葉枯の症状から全身が枯れることになる。病気の感染や発病の仕組みに関しては、前書（2008）の2章と「森林病理学」（黒田ら2020）の解説を参照してほしい。病原菌が樹木を直接殺すのではないという、基本的な理解も必要である。

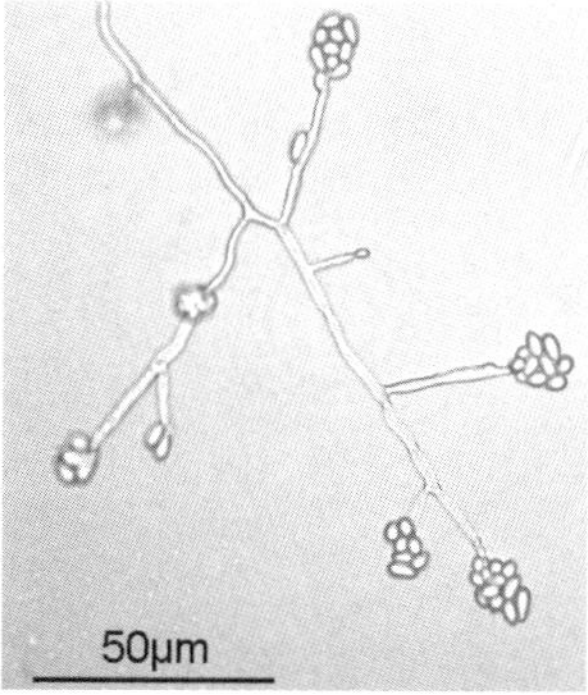

図1-1　病原菌 *Raffaelea quercivora* の光学顕微鏡写真

被害樹種は、ブナ科の中のブナ属以外の樹木で、コナラ属、シイ属、マテバシイ属などいわゆるドングリのなる木である。また、クリ属の栽培栗が枯死した例が知られている。ブナやイヌブナは被害を受けない。以前は「ブナ科樹木萎凋病」とよばれたこともあるが、ブナ属のブナやイヌブナは枯死被害がないので、この呼称は使わない。被害を受ける樹種の中では、ミズナラが最も枯れやすい。一方、常緑樹のカシ類やシイ類はやや枯れにくい（枯死率が低い）とされてきた。しかし、照葉樹林の多い西日本では、それらも落葉ナラ類と同様に多数枯死する。また、東北地方ではコナラの枯死率は1～2割程度とされているが、関東から西では枯死率が遥かに高くなることがわかっている。そのため、ミズナ

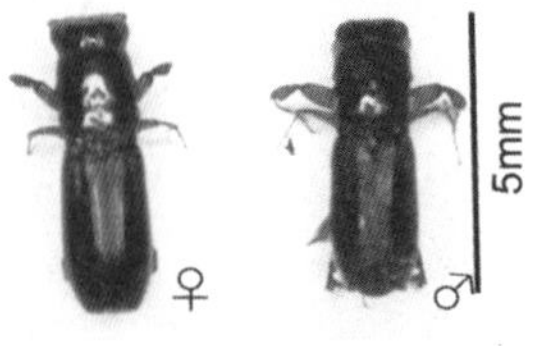

左：雌、右：雄

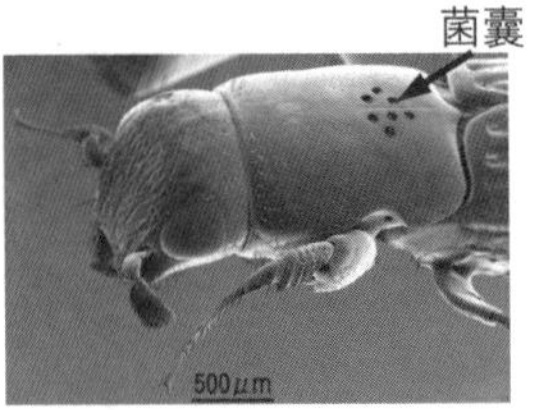

雌の前胸背の菌嚢
(mycangia)

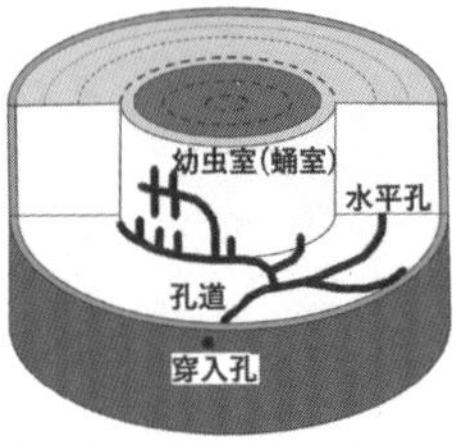

樹幹内の孔道（衣浦晴生原図）

図1-2　カシノナガキクイムシと樹幹内の孔道形成

ラ以外の樹種について強さを比較することは無意味であり、いずれの樹種も枯死被害に至る可能性は高いと認識する必要がある。

昆虫が媒介する病気では、媒介者を減らすことが感染被害の低下に一番重要である。マラリアやデング熱など、人間の伝染病では媒介昆虫の殺虫を重視する。しかしナラ枯れでは、カシナガはその生活サイクルの大半を材内で過ごすため、薬剤による殺虫は非常に難しいし、コストがかかる。枯死木を伐倒しただけではカシナガの駆除にならず、防除の効果はない。

＊病原菌をナラ菌と呼ぶのは曖昧で適切ではないので、通称は「ナラ枯れ病原菌」とする。

ナラ類の水分生理と枯死メカニズムの概要

健康な樹木の樹幹では、根から吸った水は辺材を通って枝葉まで上がっていく（図1-3A、口絵3）。心材は通水しない。ナラ枯れの病原菌は病原力があまり強くないとされるが、カシナガが孔道を伸長させるにつれて、孔道とその周囲に菌糸が迅速に伸長でき、辺材内で効率的に蔓延できる。その菌の分布範囲では、辺材の生細胞（柔細胞類、前書4章参照）が防御反応を

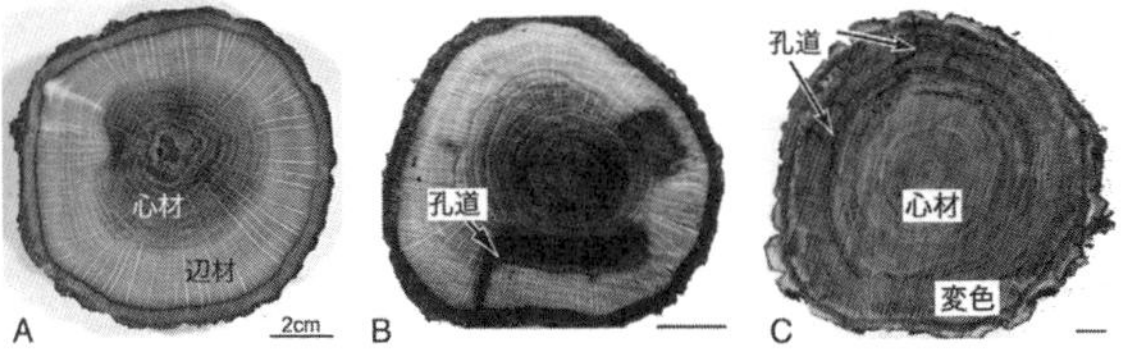

図 1-3　ナラ枯れ被害木の断面に見える材変色
A：健全木、B：カシナガの繁殖が不活発で枯れない場合
C：病原菌繁殖により辺材が変色して通水が全面的に停止

起こして抗菌性物質を生成し、その成分は隣接する細胞壁や道管内へと拡散していく。そのため、辺材では生細胞が自身で生産した毒性成分で死亡すると共に組織（細胞壁）が黒褐色に変色する。この変色部は傷害心材とも呼ばれ、正常な心材と同様に水分通導が停止する。

カシナガの穿入数が少ない場合は（図1-3B、口絵3）、辺材の変色範囲は狭く、水流の低下や停止は部分的である。一方、樹幹の高さ1mまでに200～300個もの集中加害があって、活発な繁殖で孔道が密に形成されると（図1-3C、口絵3）、菌の分布拡大により辺材の全面的な変色となり、通水は完全に停止して枯死する。

ナラ枯れが始まるのは、梅雨明けから1～2週間経った頃からである。人間の目には、葉が乾燥して赤褐色に変色する速度が速いので、突然枯れたようにみえるが、樹幹の中ではその前から図1-3C、口絵3のように変色と通水阻害現象が進行している。しかしながら、通水の悪化は6月ごろから進んでいても、梅雨の時期には水分の供給が多く、日照時間が短くて蒸散が不活発であるため、枝や葉の枯死にまで進みにくい。7月からの梅雨明け後には、強い日照の継続と土壌水分の減少があるので、通水可能な未変色部分だけでは必要な水が枝葉まで上がらず、葉枯れ現象から全身の枯死へと進むのである。

感染木は全部枯れるとは限らない。感染した年の夏〜秋に枯死に至る場合、生き残って年を越し、翌年以降に枯れるものが一部ある。さらに、その後も枯れずに生き残る場合がある。生き残った被害木を穿入生残木と呼んでいる。

病原菌媒介者の行動を理解しているか

カシナガは南方系の甲虫とされており、日本のほかに台湾、インド、ジャワ島、ニューギニア島など東南アジアに広く分布する。日本では北海道での生息が確認されて全土に分布するが、国内のカシナガの個体群はさらに日本海型と太平洋型の2つに分けられる。韓国には類似種が存在し、モンゴリナラなどの枯死に関与している。

カシナガの生息密度（一定面積に生息している頭数）が低い場合は、健全木を枯死させることが難しいが、1990年代からは被害枯死木が増加の一途であり、これは、カシナガの繁殖を旺盛にする環境にあることを示している。カシナガは大径木で非常に繁殖しやすく、直径30㎝以上の木から数万頭のカシナガが羽化することもある。一方、直径10㎝以下ではほとんど増えられないことがわかっている。現在の里山二次林では、定期的な伐採が半世紀以上前から停止して全体的に高齢化・大径木化しており、まさにカシナガの繁殖に最適な環境である。

ミズナラやクヌギなど、落葉ナラ類（コナラ亜属）においては、カシナガの孔道は辺材部のみに形成され（図1-2、図1-3、口絵3）、心材まで穿入することはない。しかしアラカシなど常緑カシ類（アカガシ亜属）では、水平方向の孔道は年輪に沿わず、幹の中心に向かって形成されて心材に達する傾向がある（前書第4章、口絵9A）。だから、ナラ類では、被害材の心材部分は利用可能である。この相違の理由としては、心材の抗菌成分の毒性の種間差が想定される。あるいは、落葉ナラ類は環孔材で、年輪界に沿って大径の道管が並ぶので同心円状に孔道を掘りやすいことや、放射孔材のカシ類では放射方向（直径方向）に並ぶ道管に沿って穿孔しやすいことが考えられるが、確認はできていない。

昆虫媒介の病気に対応するには、病原体（菌）の伝染方法と媒介者の生活史（ライフサイクル）を正確に理解している必要がある（図1-4、口絵4）。ナラ枯れでは、初夏以降にカシナガの

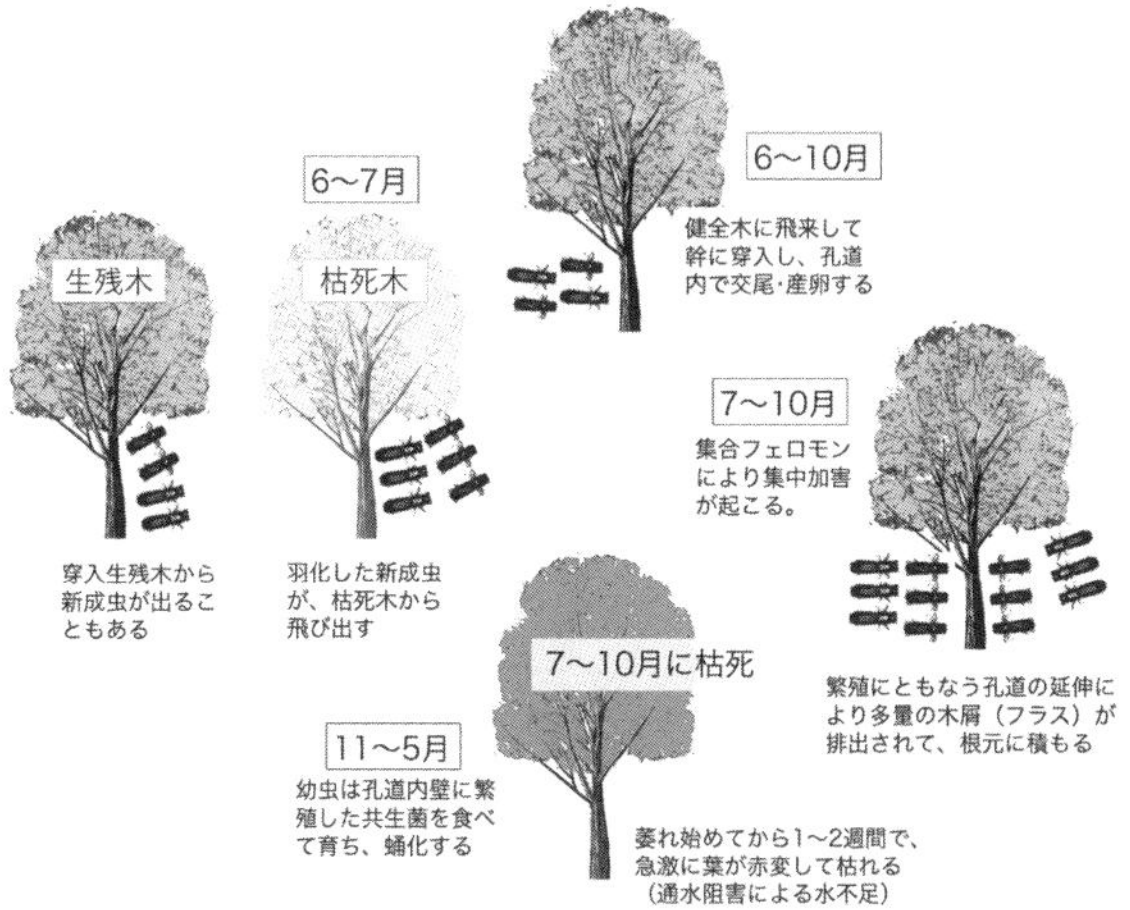
6～10月
健全木に飛来して幹に穿入し、孔道内で交尾･産卵する
7～10月
集合フェロモンにより集中加害が起こる。
繁殖にともなう孔道の延伸により多量の木屑（フラス）が排出されて、根元に積もる
7～10月に枯死
萎れ始めてから1～2週間で、急激に葉が赤変して枯れる（通水阻害による水不足）
11～5月
幼虫は孔道内壁に繁殖した共生菌を食べて育ち、蛹化する
6～7月
枯死木
羽化した新成虫が、枯死木から飛び出す
生残木
穿入生残木から新成虫が出ることもある

図 1-4　ナラ枯れ発生とカシノナガキクイムシの生活史

成虫が穿入孔から脱出する。枯死は7～10月末ごろまで発生するが、地域により差があるので、各地域の特徴をしっかり観察する必要がある。カシナガの繁殖（産卵）が活発な場合は孔道形成が密になり、穿入孔からのフラス（木くず）排出が多い。雄雌ペアが木部内で子育てし、翌年初夏に成虫が穿入孔から脱出するというサイクルである（図1-4）。枯死木からのカシナガ脱出は翌年1回のみである。カシナガ穿入の最初の年に枯死しなかった場合、2～3年続けてカシナガに加害された後に枯死することもある。2010年ごろまでは、「一度穿入された木には翌年以降の加害はない」という解釈が一般的であったが、1年目に

部分的な加害で生き残った場合には、翌年以降の再穿入がある。だから、生き残った被害木を伐らずに温存することは推奨できない。

ナラ枯れが増え始めると、行政によって広域の調査が行われることが多いが、調査に熱心になるほどに、「対策の決断と行動」が遅れるのである。衛星画像でチェックしても、現在の技術では枯死木の早期把握は不可能であり、信頼できないデータが誤った判断を導く元になっている。

ナラ枯れの症状の特徴と診断のポイント

①初夏（おおむね6月初旬）以降に、生きているナラ・カシ類等の樹幹に直径1㎜弱の穿入孔が認められ、穴から木の粉（フラス）が出る。爪楊枝を刺すと、先の一部のみが入る太さである。穿入孔のサイズがこれより大きいまたは小さい場合は他のキクイムシ類の可能性がある。
②フラスがたくさん出て樹幹下部と地際に積もるほどになっていると、樹幹内でのカシナガの繁殖活動が活発である。
③枯死する個体では7月後半から10月末ごろまでに、急激に葉が乾燥または赤褐色に変色する。

④被害木では樹幹から黒っぽい樹液が出ることが多い。これは辺材内の変色部の成分を含んで着色した木部樹液である。穿入孔から滲み出るのは、辺材の通水が変色部で阻害されており、上がって行けない水が穴から出るという現象である。樹木がカシナガを退治しているのではない。
⑤冬までに枯死しない個体は、翌年春の展葉期に枯死する場合と、さらに生き延びる場合がある。その後の年度に枯死することもある。
⑥翌年6月ごろから、新しく羽化した成虫が穿入孔から飛び立つ（動画：かながわトラストみどり財団２０２２）

江戸時代から時々発生していたナラ枯れ

１９９０年前後から新潟県や山形県、福井県、滋賀県北部、京都府北部などの旧薪炭林（前書2章および口絵図10、図11）で枯死が目立つようになり、それから原因解明のための研究と防除法の開発が進められてきた。被害が増えた１９９０年代には、外来病害という疑いが持たれた。当初は枯死原因が不明であったが、１９９０年代半ばに原因が解明された後も、ナラタケ

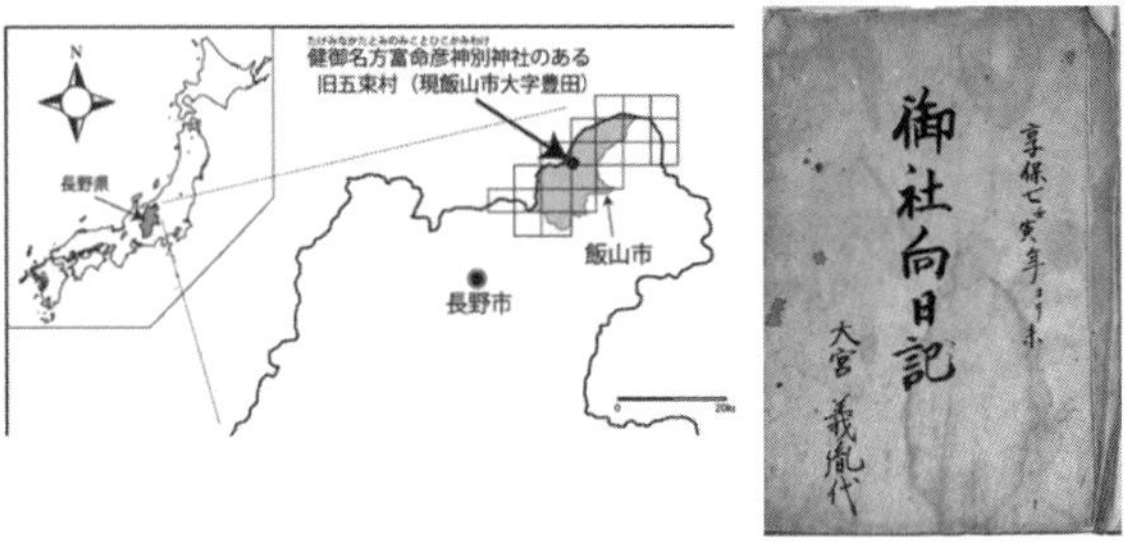

図 1-5　江戸時代のナラ枯れの記録（井田・高橋 2010）

菌の感染説、酸性雨の影響、地球温暖化のような説が繰り返し唱えられた。しかしながら、２０１０年に長野県の神社の日誌（図1-5）から「五束神社の社叢で、西暦１７５０年夏ごろより多数の木々の葉が変色し、秋に大半が枯死した。虫は樹幹と根株部に加害し駆除の手段がない。１７５１年2月、飯山市小招明徳寺より雑木を欲しいとの申し出があった。大量の枯死木に困ったので、伐採許可を山方奉行に願い出て承認された。ナラ樹35本（直径20－30cm）を伐採し、代金十四両を得た」という記載が報告された（井田・高橋２０１０）。２７０年前の鎖国時代で日本在来の病気であると判明し、酸性雨説と地球温暖化説が同時に否定された。１９３０年代などにも「過熱薪炭林でナラが枯れた」という報告書が見つかっており、定期的に伐採されずに高齢化したナラ林で被害が発生することと、虫害だろうという認識は昔からあった。

　１９９０年代は日本海沿岸のミズナラに大きな被害が出

て、その後、日本海沿岸から南方向の内陸部へと被害が拡大したが、拡大の方角には規則性はない。被害の多少や拡大には年変動があり、被害量の推移は予測できない。また、伐倒駆除に補助金等を利用しない場合は被害量を把握することがないので、毎年の統計資料の信頼性は低い。地方行政の報告では地域の動向のみ記録されており、局地的な情報を他府県でそのまま利用すると解釈を誤るので、注意が必要である。

２０２０年ごろからは関東地域の丘陵や平地で被害が増加しており、枯死率や被害増加の傾向は山岳部とは異なる点が見受けられる。また、被害対策は急傾斜地とは異なる方法を適用できる点も重要である。当該地域では既往の報告やマニュアル等をそのまま利用するのではなく、まず、その地域の被害の把握を踏査によって実施する必要がある。なお、衛星画像や航空測量（レーザー測量など）では樹種や太さの判別はできないことと、後述するように、枯死前に感染木の発見は不可能であることも認識する必要がある。

2. 2020年代のナラ枯れの課題を明確化する

近年のナラ枯れの特徴と課題について、前書「ナラ枯れと里山の健康」(2008)の出版のころにはまだ顕在化していなかったことがらを解説する。前書の3章と4章を理解してから、この項を読んでほしい。また、前書と本書の解説に相違点がある部分は、本書の記載を新規事実として理解してほしい。

誤った解釈が広がるという問題

萎凋病という急激に枯れる病気については、対策の理解に樹木生理学と微生物の知識が必要で、専門外の人による非科学的で誤った説明が起こりやすく、またそれを信じる人も多くなりがちである。例えば、ナラ枯れは「温暖化のせい」「酸性雨のせい」で増えたという主張があるが、いずれも誤りであることは判明している。病気に罹る時は主因と誘因がある。主因とはナラ枯れの場合は図1-1の病原菌で、「それ」が存在しなければ病気にならない。マツ枯れ(マツ材線虫病)の主因はマツノザイセンチュウである。病原体(菌や線虫など)は、枯死木からの検出と接種実験によって病原性が確認され、確定される。一方、誘因とは病気を重症化させたり枯死率を上げるような要因である。ナラ枯れでは、高樹齢であることや水分の供給不足などがある。温暖化や酸性雨は、主因でも誘因でもない。

最近の「土壌が不健康なことがナラ枯れの原因」という意見も、研究に基づく根拠（数字）が挙げられておらず、科学的な信頼性はない。「誘因」としての関わりがあるのかどうかも説明できていない。病気の原因（主因）について議論するには病理学的な基本知識は必要で、「森林病理学」（黒田ら２０２０）を参照してほしい。科学的根拠のない説明を信じると対策を誤ることになる。

マツ枯れやナラ枯れのような集団枯死へと進む病気では、補助金や税金による防除に取り組んで効果が出なかった場合でも、方法を再検討せずに惰性で継続されることが多い。効果が出ないということは、手法のどこかが誤っているわけであるが、それでも対策を変更できないのはなぜだろうか。森林被害対策のどこに問題があるのかという解析は不可欠である。

森林生物害の防除とは

森林病虫害を防止して被害を減らすことを「防除」という。ナラ枯れにおいては、枯死木の伐倒および材内のカシナガの殺虫（駆除）、あるいは予防薬（殺菌剤）の樹幹注入によるカシナガ駆除のことを指す。

森林伝染病の防除は、マツ枯れ対策として長年実施した実績があり、ナラ枯れについても同様の方針で被害軽減が試みられた。2010年ごろまでは、行政主導で、枯死木の伐倒と薬剤によるカシナガ駆除に力が入れられた。重要な個体には予防薬の注入で被害回避が図られた。しかしながら、その費用は毎年莫大な額になる。また、枯死木を全部処理できない急斜面や所有者不明の林地が多いことから、中途半端な防除に留まったという事情もあった。だからカシナガの生息密度を下げることが難しく、防除の効果が出ない場所の方が多かった。しかし、被害を減らす効果が全くないとは言えない。効果は、実施場所と方法の妥当性に依存する。「おとり丸太法」のように手法を綿密に検討し、予算と人的配置を十分に行った自治体では、被害軽減効果が得られた例はある（齊藤ら2015）。特定の地域に対して防除を実施したい場合、手を抜かずに完璧に実施すれば、成功することはあると言える。ところが、漠然とした取り組みでは被害は減らせず、費用は増加の一途となる。「費用対効果」の点で、現在は枯死木に絞った対策は推奨できない。それではなぜ予算が無駄になるのかは、理屈に沿って考えると理解できる。

枯死木に対して防除をしても被害が減らないなら、何をすれば良いのかであるが、広葉樹二次林全体の「将来に向けた管理」という視点が重要なことがわかってきた。本病被害の多い里山の生態についての基礎知識が必要なので、第2章を理解してほしい。

2008年以降に明らかになったこと

カシノナガキクイムシには長距離移動は困難

新たな被害発生地の拡大は30km／年ほどの範囲と推測されている。時には60km離れた地点に新規被害地が発生したという報告事例もあるが、カシナガは数十km以上の長距離を自力で飛翔して次の被害を起こす可能性はないと言ってよい。遠隔地での被害発生の原因は、①被害材が遠隔地まで人為的に運ばれたか、②従来はカシナガが少なかった地域で繁殖が活発になり、枯死木が見つかるようになったか、のいずれかである。②は自然発火的な被害発生であり、隣接地からの移動ではないという認識が必要である。つまり、感染拡大の経路を探しても将来の対策の参考にはならない。カシナガは在来の昆虫であるので、昔から細々と繁殖していた。近年はどの地域でも繁殖に好適な大径木が増加したことから、被害拡大が起こっているのである。

2010年ごろまでは、被害拡大の先端地域で防除に力を入れるという方針がとられた。つまり、「カシナガは自力で飛んで被害を広げる」という前提である。予算は微害地に対して集中的に投下して隣接林分への「延焼を防ぐべし」とされた。しかしながら、現在では、ナラ類カシ類の樹木が生育する場所ならどの地域でも被害は発生すると認識するべきであり、新規被害地から延焼を防ぐという考え方は妥当ではない。

穿入生残木にもカシナガの再アタックがある

最近まで、穿入生残木にはカシナガの再アタックはないと言われていた。カシナガが利用した樹幹には、翌年以降は別のカシナガは穿入・繁殖しないという考え方である。しかしながら、ナラ枯れへの注目が増えるにつれて、生残木に再アタックがあるという事実が見えてきた。穿入されても枯れなかったのは、辺材の変色が部分的であり（図1-3B、口絵3B）、水分通導が次年度以降も部分的にしか阻害されなかった個体である。

辺材に繁殖に適した部分が残っていれば、カシナガは穿入して繁殖する。また、カシナガの密度が極めて高くなった地域では、それほど適していないナラ類でも利用せざるを得ない状況になり、繁殖効率が悪い木にも穿入は起こりえる。そうなると、かろうじて生育していたナラ類樹幹の辺材では通水が停止する方向に進み、枯れることになる。何年前から穿入されていたのかは伐倒して断面を解析しないと判明しないので、以前は、加害は一度だけという解釈になっていたと推定される。綿密な継続観察では、2~3年の加害で枯れた可能性も指摘できている。この事実から言えるのは、「穿入生残木は伐らずに残す」という方策が、被害軽減の役に立たないことである。枯死していない被害木はフラスが少なければ発見されにくく、健全木と判定されることも多い。

穿入生残木でもカシナガは繁殖できるし羽化する

生残木の幹でも、穿入の多かった部分でカシナガが繁殖し、成虫になって羽化する例が見られている。葉が緑でも繁殖に適した環境は材内で形成されるのである。夏を生き抜いた穿入木は、通水が全面的に停止しておらず、枝葉が何とか生育できる水が根から供給できた個体である。枝の部分枯れがあっても緑の葉がある状態を生残木と言っているが、幹の一部で孔道が密に形成されてナラ枯れ病原菌と食糧用の菌が繁殖できていたら、つまり、幹の一部分がカシナガの生育に適した環境であれば、カシナガの幼虫は成長し成虫へと育つことができる。

被害初期の林分では、穿入生残木が多数でも枯死木がなければ、被害地という認識は難しい。枯死木が出始めて数年で激害になる状況からは、生残木からのカシナガ羽化がかなりあることと、カシナガ生息密度が林内で徐々に増加し、その結果として枯死木の急増へと進んだ可能性が高いと指摘できる。生残木から羽化があるなら、枯死木の有無や、近隣のどこから伝播したのかという調査は、もはや重要とは言えない。高齢ナラ林では、被害を前提とした森林管理が必要という認識である。

科学的に解明されたことが正しく伝わっていない

２０２０年ごろからの東海・関東地方の被害地では、行政やＮＰＯ、ボランティア活動団体は、２０００年代までに解明された事柄を把握していないことが多い。税金の投入方法や被害調査の方法には誤りが多く、無駄なことが実施されている。インターネット情報に依存した安易な判断はせず、正しい情報に基づいた行動をとってほしい。

(1) 行政

「里山整備」のボランティア団体等への委託では、目標と手法を見直す必要がある。行政が景観整備のみを委託するとナラ枯れを助長し、生態系として持続しない。生立木の伐採と資源利用および森林再生までを計画に含めて、里山管理を行う必要がある。活動団体に委託するのであれば、目標に至るまでのどの部分を委託するのか、まず明確にすべきである。委託した団体が大木の伐採技術を持たない場合は、伐採作業を公的資金で発注する。行政と団体との協働の方法および伐採などプロへの委託部分について再検討する必要がある。

（2）森林公園の指定管理者・ＮＰＯ等

公園の管理や整備を担当している団体は、管理とは林床掃除ではないことを認識する必要がある。２０００年代ごろまでは景観整備で美しく整えることが推奨されていたが、近年では、高木種を伐採しない管理によって林床が暗くなり、次世代の樹木が生育しないことが判明している。生物多様性の高さを求めながら、多様性を低下させている事実に意識を向けてほしい。各地域に適した管理を行うには担当者の判断が大事である。管理責任者や団体の指導者については、行政から委託された仕事をただ実施するのではなく、望ましい管理方法を議論して計画を策定できる知識レベルが求められるが、その教育の場が整えられていないことが課題である。

3. これまでのナラ枯れ対策の問題点

ナラ枯れと同様に重大な森林伝染病であるマツ枯れ（マツ材線虫病）では、多数の自治体で防除作業を経験済みと思う。「殺虫剤の予防散布と枯死木の伐倒駆除（殺虫）」により、病気を媒介する昆虫（マツノマダラカミキリ）を減らす手法である。防除は完璧に実施しないと被害量は減らないので、山林での防除は失敗が多かった。費用の増加や市民の反対などの事情で、防除規模の縮小や中止を決める自治体が増えている。マツ枯れは今なお被害が続いているものの、近年の特徴はマツ枯死後の森林で広葉樹林に変化する場所が多くなったことである。つまり、森林生態系として変化してきたのである。ナラ枯れの場合も、現在の対策をただ続けるのではなく、森林生態の推移を把握しつつ、判断する必要がある。

ナラ枯れ防除が難しい理由

ナラ枯れは、マツ枯れ以上に防除効果が出ない。まず、繁茂した森林内ではナラ枯れ被害木（生残木含む）は全部発見できない。見逃された枯死大木1本から数万頭のカシナガ成虫が飛び立つと（かながわトラストみどり財団2021）、翌年の被害は一気に5～10倍に増える。羽化したカシナガはすぐに別の幹に穿入するので、殺虫剤の予防散布は使えない。また、ナラやカシ類は重量が数トンにもなるので、斜面での玉切りと殺虫（くん蒸）を実施できないことが多い。

このような事情でも中途半端な防除を続けるのは、「効果を検証していない」「防除以外の検討ができない」ことがあげられるが、枯れ木の増加に慌てるという心理的圧迫もあると思う。「予算の範囲で実施」では、投入費用が無駄になることを、肝に銘じてほしい。なお、気象の年変動（気温や降水量）によって、カシナガの繁殖傾向は変動する。枯死本数がたまたま少なかった年に、「防除効果があった」と発表する勘違いが多いことも問題である。

以上のことに気づくと、目の前の枯れ木処理ではなく「森林の持続にお金を使う」という、将来のことに頭を切り替えることができる。管理方法の検討には、その林の成り立ちに関する知識が必要なため、このあと説明する。民有林に対して税金（補助金）を使うには、災害防止など公的な効果の確認は必須である。

なお被害木（生残木含む）では腐朽菌が繁殖し、幹の強度低下による倒木や太枝落下が被害年度内に起こり始める。枯死から倒木までの期間が短く、災害（人的被害）につながる場所では枯死木処理を急ぐ必要がある。行政は「防除中止だから全部やめる」のではなく、リスク管理（道

図 1-6　天然林に分類された放置薪炭林
照度低下とニホンジカの食害により林床の植物が消滅（兵庫県丹波篠山市）

路際や民家の背後では枯死木伐採など）は継続する必要があり、行政担当者と所有者は、枯死被害の有無にかかわらず、旧薪炭林など二次林の現状を自分の目で見てほしい。

高齢化した放置林は持続しない

落葉樹の薪炭林を50年以上伐採せずに成長にまかせた場所は、枝葉が茂って地面に陽光が差さなくなり暗くなった。新たな芽生えは減り、ナラ類など陽樹（成長に明るさが必要）の若木は成長していない（図1-6、口絵5、2章と図2-1、口絵8参照）。大木が枯れた後は、その下で育った陰樹（陽光の必要度が低い）が中心の林（陰樹林）に遷移する。埼玉県三富の平地林は、江戸時代の新田開発の際に植栽されたコナラなどの農用林（燃料、肥料採取用）から始まっているが、伐採停止後の繁茂により、常緑のアラカシなどが増加しつつある（3章4参照）。その下には芽生えがほとんどなく、ナラ枯れが発生しなくても森林として持続しにくい。

放置林でナラ枯れが集団的に発生した後、西日本ではソヨゴやヒサカキなどの常緑中低木（亜高木）の増加が顕著になっている。寿命の短い小型の樹木では傾斜地の土壌をとどめる力が弱く、防災上心配である。ニホンジカの多い場所では林床の植物が食べられ（図1-6、口絵5）、ナラ枯れ後には裸地となって、土が流れ落ちる場所が出ている。

以上のように、放置された広葉樹二次林は、ナラ枯れ発生地だけでなく、未発生地であっても、次世代林が生育しにくい状態になっている。今後も森林を持続させたいなら、ナラ枯れ前に伐採して萌芽再生させることが、まずは急務となる。ナラ枯れでは根も全部枯れるが、生きている時に伐採すると切株では根が生き続けて萌芽し、斜面の土を捕捉できる。これも、「枯れる前に伐採」が重要となる理由である。伐採した後の「次世代の木を生育させる」管理手法については第2部で解説する。

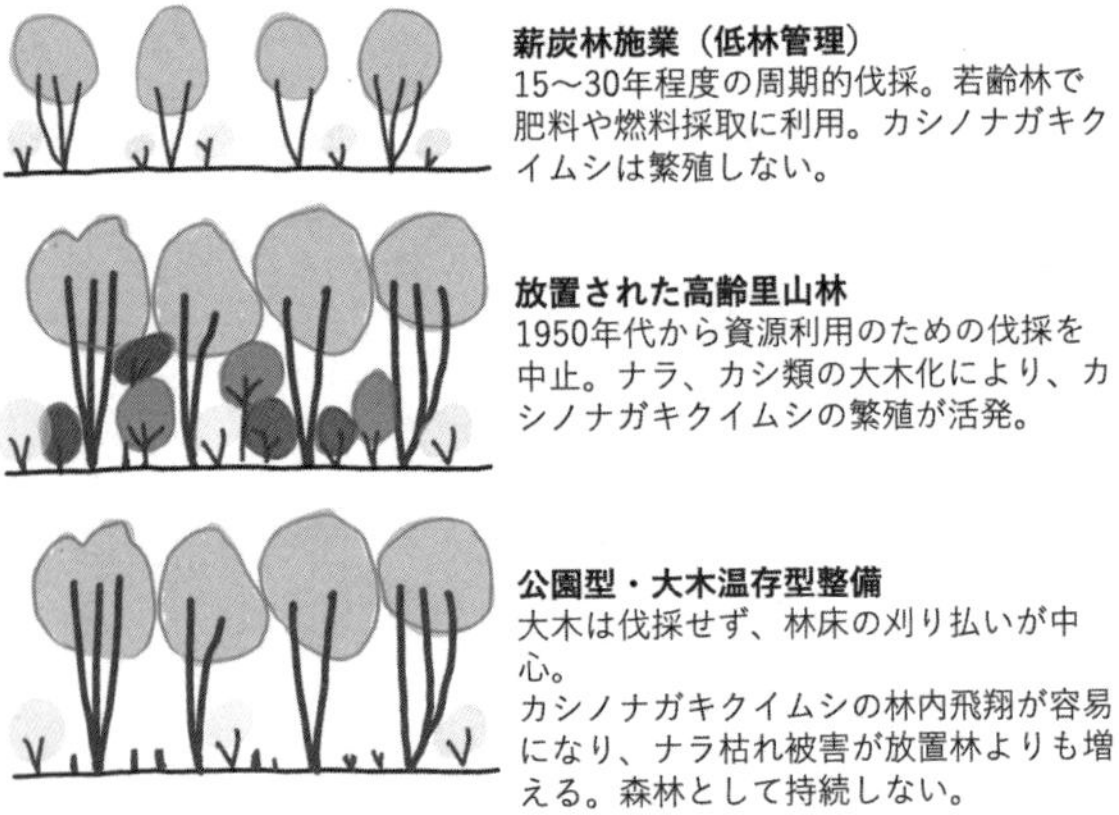
薪炭林施業（低林管理）
15〜30年程度の周期的伐採。若齢林で肥料や燃料採取に利用。カシノナガキクイムシは繁殖しない。
放置された高齢里山林
1950年代から資源利用のための伐採を中止。ナラ、カシ類の大木化により、カシノナガキクイムシの繁殖が活発。
公園型・大木温存型整備
大木は伐採せず、林床の刈り払いが中心。
カシノナガキクイムシの林内飛翔が容易になり、ナラ枯れ被害が放置林よりも増える。森林として持続しない。

図 1-7　放置林と大木温存型管理の問題点

森林公園等の大木温存の問題

ナラ枯れと森林の持続性についての認識が遅れているのは、森林公園や、ボランティア団体等に管理を任せた里山林である。このような場所では景観を重視した見守り型の管理を続けてきた（図1-7、口絵6）。基本的に高木の伐採は限定的で、高齢樹を温存する管理が続けられ、関東では2020年ごろからナラ枯れが一気に増えた。例えば埼玉県の狭山丘陵や周辺県の丘陵では、アニメ「となりのトトロ」に描かれている里山風景を目標とするイメージで、大木は伐採せず、林床の整備などの景観保全を実施してきた。しかし、実際にアニメに描かれている景色（図1-8、口絵7）は、舞

図1-8　「となりのトトロ」に描かれた1980年代の放置里山
上：萌芽による株立ちのコナラの大木
下：二次林の繁茂で日陰が増加（矢印）
（スタジオジブリ公開許可画像）

台となった１９５０年代の関東の里山ではなくアニメ制作時期の１９８０年代の放置高齢林である。株立ちのコナラの大径木や、田畑を日陰にする里山林は、１９５０年代には存在していなかった。今、公園への来訪者が見ている景色は、資源利用をしていた里山とは別物である。関東地方では、森林公園を含む里山や平地林（旧農用林）で、コナラの枯死被害の増加に対して、「森林の持続」という観点の管理に転換できていない。また、20年以上被害が続く近畿地方では、コナラ・アベマキなどの薪炭林を「大木の森」として維持することが依然として推奨されている。里山林が「短期伐採で持続した資源利用の森」だったという歴史を知っていれば、いずれの場所も大木化を目指すことに慎重になっただろう。

森林公園や保全地域の「大木温存型管理」（図1-7、口絵6）では、その目標を「自然度の高い、多様性の高い森にすること」「景観を良くすること」としているが、このタイプの管理では生物多様性はむしろ貧相になりやすい。専門家を交えて協議し、管理方針を変更する必要がある。

生態系を意識した取り組みの手順

高齢化した広葉樹二次林では、「リセット」という意味の生存木の伐採を行う。カシナガの繁殖を抑えるのに有効であることと、切株からの萌芽再生が期待できるからである。高齢ナラ類は萌芽の失敗もあるが、それでも伐採すべきである。可能性に期待するとともに、萌芽が不十分であれば自然の実生を育成すると良い。日本の里山では、伐採後には様々な種類の樹木が芽生えてくれる。ただし、ニホンジカの生息密度が高い場所は、実生や萌芽の食害を防ぐ必要があり、シカ避けネットを設置する。

旧薪炭林（ナラ類、シイ類、マテバシイ、ウバメガシなどを含む）は農村集落の共有を含む民有林が多い。所有者が自力で管理を再開するのは困難なため、行政の支援は必須となる。集団枯死が山腹の土砂流出を起こさないかという、国土保全上のリスクの判断から始めてほしい。全ての里山林の管理再開は不可能で、集落に近い場所やコストがかからない場所から始めるのが望ましい。当面は放置してもよい場所の判断も必要である。ゾーニングや管理の手順、伐採面積等の決め方のことは第2部の4章と7章で取り上げる。

景観整備や、生物多様性保全を目標に掲げた里山整備では、「樹木は資源」という認識が欠落していた。税金で実施できることはごくわずかであり、広大な里山林（広葉樹二次林）の管理に向かうには、所有者自身の管理意欲を高めることが大事になる。もとは燃料であったコナラやミズナラも今や大径木が増え、内装や家具製造用の木材として利用できる段階になった。燃料に限定ではなく、木材その他の資源の販売推進が、管理再開への第一歩と考えている。現在は試行を進めており、資源活用の段取りについては第2部で解説する。

2章　広葉樹林の現状と成り立ち

1. 日本の森林の特徴

日本の森林面積は国土の67％で、過去半世紀以上、森林面積の増減はない。北海道から沖縄県まで約３０００km（北緯45~20度）の距離に亜寒帯から亜熱帯までの気候帯を含み、全般に雨量が多く温暖で植物の生育に適していて、樹木の種類は多い。シダ植物以上の維管束植物は日本には約６千種ある。面積が同程度の国と比較すると、高緯度で北緯50度のドイツは日本の種数の約４割、北緯60度のフィンランドは約２割と少ない。一方、赤道に近く熱帯雨林気候のマレーシアでは、種数は日本の2倍以上である。日本では高緯度地域よりも種の多様性が高く、植物の繁茂が活発なため、森林の管理には除草等の労力がかかる。昔から、日本の森林管理はこのような気候に合わせた手法で行われてきたが、高緯度地域の欧米を林業の手本とする流れも強い。今一度、地域に適した管理の方法を考えてみたい。

森林のタイプと用途

樹木は建築材や木工材料などとして生活に不可欠な資源であるが、近年では水土保全機能や二酸化炭素吸収機能への注目度が高くなった。約半世紀前から日本国内の森林資源の利用は急激に減少し、林業不振だけでなく、燃料用だった里山の管理がおろそかになった。森林利用が減少した理由は、1950年代からの①薪や炭を燃料とする生活から、ガスや石油を使うようになった（燃料革命）、②化学肥料が普及し、落ち葉を農作物の肥料にしなくなったことである。さらに1960年代に木材輸入の関税が完全撤廃され、東南アジアや北米からの建築材やパルプ輸入が激増したことも理由である。人工林・二次林ともに、放置森林では材質低下や枯死木の増加が深刻化している。

森林は大きく3つのタイプに分類できる（表2-1）。

（1）原生林（原始林）

人為の加わっていない森林であるが、日本の森林は資源として活発に利用されており、原生林は極めて少ない。

（2）人工林

表 2-1　日本の森林のタイプと樹種・用途・管理

森林のタイプ	代表的な樹種		用途	管理手法
原始林 原生林	針葉樹 広葉樹	様々な種の針・広葉樹	貴重な環境の保全	人の影響を制限する場合がある。深刻な病虫獣害には対応する
里山二次林 （天然林，天然生林）	広葉樹 （雑木）	落葉樹：ナラ類，カエデ類，ヤマザクラ，ケヤキなど多種 常緑樹：カシ類，シイ類，ソヨゴ，ヒサカキ，ヤブツバキなど	昔：燃料，炭，緑肥 今：使用せず，一部はシイタケほだ木等	昔：定期的伐採（15～30周期），萌芽による次世代林の育成 今：放置または公園型管理
	針葉樹	大半はアカマツ その他にネズミサシ，モミ，ツガなど	建築材（アカマツ），燃料，松ヤニ・マツタケ 現在では利用低下	昔：種子による天然更新 今：放置。マツ林は伝染病のため壊滅に近い場所がある
人工林	大半は針葉樹	スギ，ヒノキ，カラマツなど	建築および内装材	丁寧な育林作業：植林，下草刈り，間伐，伐採（皆伐，択伐）

主に建築材を生産するために針葉樹の苗を植栽し育成した林であり、日本の森林面積の４割を占める。スギ・ヒノキ・カラマツが主要造林樹種である。計画的に間伐～伐採し、木材に加工して販売する点で、収穫までに長年を要する「農作物」である。苗木を密に植栽した後に、草刈り、間伐（間引き）、枝打ちなどの緻密で計画的な育林作業によって良質材を生産してきた。伐採後は再造林（植林）を行う。

（３）二次林

原生林を伐採したあとに形成される森林で、日本の森林面積のほぼ半分を占める。農村集落の周囲にある「里山」は二次林で、数百年以上にわたり、燃料や肥料に利用しつつ再生させて来た。里山林は林野庁の統計では天然林や天然生林とされているが、天然に形成された林ではなく人為形成の森林である。また、東北地方等では軍馬育成の牧場のために明治時代から伐採された跡地が、二次林となっている。広葉樹の大半は建築の構造材（柱など）に使用しないことや、材生産のための広葉樹育林を行ってこなかったことから、二次林の利用を林業に含めていないことが多い。

なお、「里山林」には集落近くの人工林を含めることがあるが、広葉樹林と針葉樹人工林は用途や管理手法が異なるので、両者は明確に区別して扱う必要がある。

樹木サイズ、寿命、二酸化炭素吸収

樹木（木本植物）は一般に長寿であるが、枯死樹齢は樹種や生育環境により異なる。屋久島のスギのように千年を超えることはまれで、大半は数十～２００年程である。樹高により高木～亜高木（中木）～低木種に区分し、日本在来樹木（高木種）の樹高は20～50ｍ程度である。樹木はCO_2（二酸化炭素）を吸収して光合成し酸素を放出するため、地球温暖化防止に有効と捉えられているが、同時に呼吸しているためCO_2の排出も行う。近年は環境保全の面で森林と樹木への期待が強まり、現実の値よりも過大な評価になっている点に問題がある。また、針葉樹と広葉樹、あるいは老齢木と若〜壮齢木間でCO_2吸収量を比較するような無理な動きもある。今後は、森林および樹木を計測したうえで、科学データに基づいた判断をすることが重要である。

森林の所有形態

国有林、社寺林、企業有林、私有林（民有林）などがある。私有林所有者の多くは農家である。農地の少ない地域では、広大な森林を個人所有し林業を主たる生業《なりわい》とする例もあるが、小面積の私有か集落の共有林が多い。歴史的に、里山林は農村集落単位の共同所有で共同管理が続いてきた。第二次世界大戦後に一部を各戸に分割したが、現在も集落所有の山林は広く残されている。里山は農業用の資材や燃料を得る場所であり、生活のための資源利用であったため、里山の利用は林業には含められなかった。それが森林資源の資産化を阻むことになり、樹木の価値を見いだす機会を失った原因の1つと考えられる。

1960年代から、木材は儲かるという話や国の拡大造林の方針に乗って人工林の植林が推進され、農村では薪炭林の一部を伐って、あるいは棚田等からの転用で、針葉樹苗を活発に植栽した。人工林の部分は育林業務が必要であるが、人工林育成の経験のない農家では、間伐や枝打ちに関する知識や技術がなく、良質な木材の生産は多くの場合困難であった。さらには木材輸入の関税撤廃があり、大量の木材輸入が国産材の価格の低下につながった。林業不振や人工林放置の原因としては、以上のような多面的な事情が絡み合っている。

林業が経済活動として成立するかどうかであるが、1ha未満の小面積では30～50年に一度の伐採で終わってしまい、大きな収益を期待するのは無理である。日本の木材自給率は長らく20%程度で、2021年には40%に上昇したが、放置された資源の蓄積は多く、まだまだ林業活性化には直結していない。森林の保全を重視する世界情勢からは、木材輸入の存続に危機感があり、木材の国内生産は今後一層重要になる。

里山で人工林以外の部分は、アカマツ林やナラ類主体の旧薪炭林である（表2-1）。アカマツ林はマツ材線虫病により壊滅的な枯死が続き、消失しつつある。ナラ林も森林植生としては様々な問題が発生するようになった。里山の成り立ちについては次項で説明する。

2. 自然とは何か

「自然」の語源は仏教用語の〝じねん〟とされる。現在ではこの言葉の意味は人それぞれに捉え方が異なっており、時と場合によってニュアンスが異なる。森林の保全や管理について「自然保護」というテーマで検討する場合には、その概念の食い違いにより議論が進まないことがあり、最初に「自然」の定義を明確にしておく必要がある。

植生遷移と資源利用の歴史

森林が自然に形成されるには長い時間がかかる。人手が加わらない森林形成を「自然の遷移」（せんい）と呼ぶ（図2-1、口絵8）。草原の次には陽性（陽光が必要な樹種）低木が生育し、さらに陽性高木林へと遷移する。樹木が多数育って林床が暗くなってくると、陰樹（陽光が少なくても生育できる樹種）が増える。図2-1は1990年代にナラ枯れが増えた近畿中国地方の例を挙げており、極相林の樹種は地方により異なる。裸地から草原を経て極相林になるまで150~数百年といわれる。台風による倒木や山火事で樹木がなくなると、また草原から遷移が始まる。なお、極相林とは自然の遷移で最終段階の植生のことであり、原生林という意味ではない。

日本では人が昔から利用してきた森林が多く、原生林はほとんど存在しない。奈良県の春日山は原始林と呼ばれ（図2-3A、口絵9参照）、1300年代作の「春日権現験記絵」に山林が描かれているが、樹齢700年の樹木が現存するわけではなく、禁伐後にも人手が入ったことが知られている。千年以上前の平城京や平安京造成では近畿圏で大量の木材消費があり、その後にアカマツ林が増えたと言われている（タットマン1998）。それと共に人工林の造成の歴史は古く、約500年前から奈良県の吉野地方で育林技術が発展した。神社等の鎮守の森は「献木」の慣習により植栽木が多く、明治政府により強制伐採された場所もあり、天然の林でないことが多い。

里山林は、日常生活に必要な燃料（薪、柴）や肥料用の落ち葉を採取してきた場所で、樹木が勝手に育つ場所ではない。資源利用・管理の観点では、極相林の陰樹が適しているとは限らない。遷移の途中段階で伐採すると、陽樹のアカマツ林やナラ林の段階で遷移が止まり（図2-1B、Cの左側）、同じ樹種が繰り返し再生するので利用しやすい。広葉樹の一部、特にナラ・カシ類、シイ類など（ドングリのなる樹種）は伐採後の切株から芽が出て樹木に育ち、萌芽更新（「ぼうが」または「ほうが」と読む）が可能である。萌芽は、切株の養分も利用して1年で50～100cm育つが、ドングリからの芽生えでは数年かかって20cm程しか伸びず、しかも生き残る株が少ないので繁殖効率が悪い。萌芽の性質を経験的に知っていて、薪炭林では萌芽更新により次世代の森林が育てられた。陽樹の生育には日照が必要で、他の樹木が上層に茂った暗い所では育たないため、里山林では小面積をまとめて伐採（皆伐）し、再生した隣接地の林を順々に使うという「資源の循環的利用」を行っていた。人口密度の高い都市部は燃料の需要が多く、農村集落では資源が枯渇しないように規制をかけながら萌芽林をコントロールして、薪炭を供給したようである。また、中国地方のたたら製鉄や瀬戸内の製塩業の燃料需要も膨大で、江戸時代には近隣の山地だけでは燃料が賄えず、四国から薪炭が運ばれていたとされる。

森林の伐採や落ち葉採取（肥料用）が過酷な場合は、土壌の肥料分が減るが、その貧栄養土壌でも育つことができる樹木がアカマツである。マツ林も植生遷移の人為的な停止状態で維持される。マツ材（アカマツの梁）やマツヤニなどの資源としても重要であった。治山に適した樹種でもあるので、明治期以降の六甲山の治山事業ではクロマツとアカマツが植林されてきた。

里山資源が利用されていたころ、里山二次林は尾根部のアカマツ林と、太さ十数cm程度の若い広葉樹林で成り立っており、明るい森だったのである。樹高が低く幹の細い樹木ばかりで、

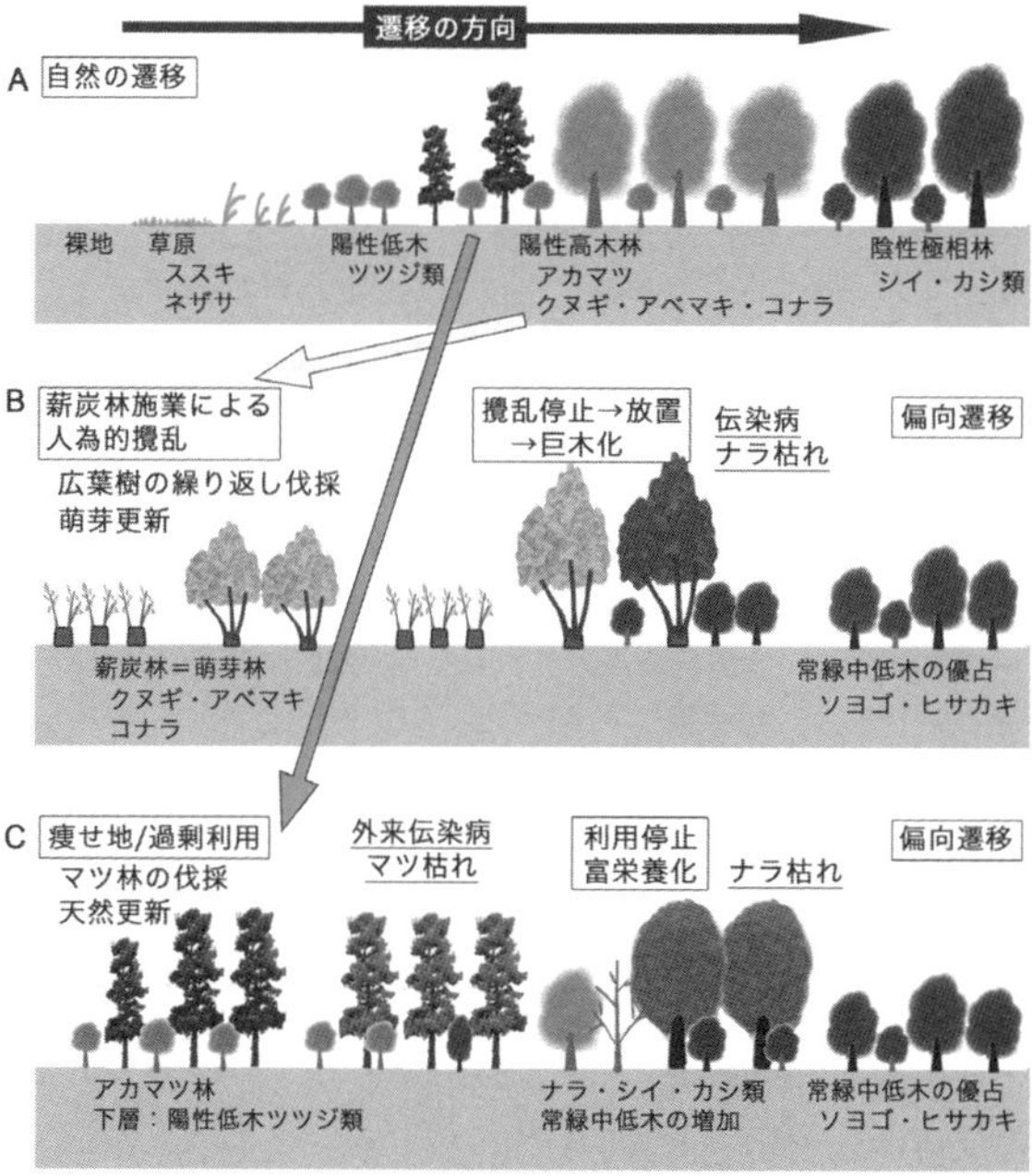

図 2-1　資源利用と放置の影響

人による攪乱（伐採）が続くと遷移が途中で止まるが、使わずに放置するとバランスが変化し、病虫害の多発などがある。極相林が安定なわけではない。マツ枯れ、ナラ枯れが続いた近畿中国地方の例。

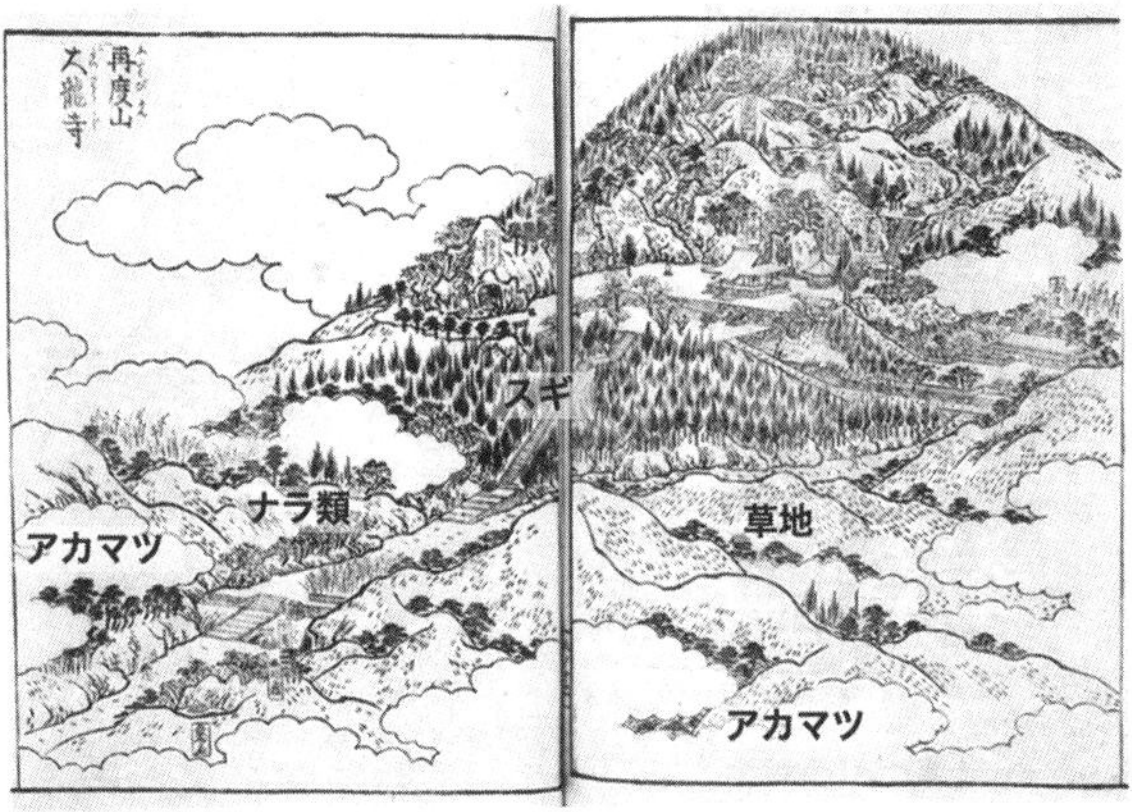

図 2-2　江戸時代の絵図に描かれた里山植生と寺院周辺のスギ人工林

摂津名所図会（吉野屋為八、１７９６～９８年刊行）、再度山大龍寺（神戸市）、一部改変

森林というよりも収穫期の長い畑ととらえるのが妥当であろう。里山の一部には茅葺きの材料や農耕用牛馬の餌に使う草地があり、禿げ山とは異なる資源採取地も設定されていた。このような理由で、里山林の所有者は昔も今も農家（集落の共同所有も含む）である。山奥で農地が少なく林業（木材生産）主体の地域はあったが、農業が盛んな地域では「農用林」として里山林が最大限に利用され続けてきた。そのころの里山林は「若齢広葉樹林＋アカマツ林」（北海道を除く）である。江戸時代の絵図（図2-2）には、このような伝統的な里山植生と、寺院の建築修理用のスギ人工林と草地が描かれている。

「自然」という言葉の落とし穴

近年は、森林保護・生態系保全のように、森林は保護の対象という捉え方や、自然は触らずに残すべきという考え方が強い。しかし森林生態学や保護学の研究からは、「触らずに残すのが最善」とは必ずしも言えないことが判明している。

図2-3（口絵9）に示す4枚の写真を見た場合、どこまでを「自然」と認識するだろうか。自然保護の議論ではAの原生林のみを自然と捉える人が多い。ところが、「日本の自然」をイメージすると、B、Cの民家や田畑と共存する人工林・広葉樹林（旧薪炭林）の景色も自然ととらえる人が多い。さらにDの「里山の景色」をコンセプトに作庭された日本庭園も、広義の自然の風景と捉える人がいる。この問いかけに対して、選択を迷う人はかなり多い。「伐採していない原生林だけが自然であると考えていた。しかし自分が好きだと感じる自然の風景は里山だった」という矛盾に気づいた場合である。

その疑問の背景には「自然」という言葉の概念が関わっている。ヨーロッパや北米では一般に、「自然とは wilderness（原野、荒野）、wild であること」という認識が強い。例えば登山用品メーカーの自然保護活動では「森林をそのまま保つ」ことが目標となる。一方日本では、平安時

図2-3　自然の風景とは

A．春日山原始林（奈良市）、B．針葉樹人工林（三好市）、C．ナラ類の薪炭林（丹波篠山市）、D．里山の風景を模した日本庭園の無鄰菴（京都市）

代から人口の多かった近畿圏では特に森林資源への依存度が高く、千年以上も樹木を伐採して利用しつつ、再生させてきたという長い歴史がある。つまり身近な山林は「人が管理してきた場所」で、それが自然の風景なのである。このような人為の加わり続けた里山二次林は、欧米型の「原野を保つ」という概念に基づく「伐るな、触るな」という保護活動では持続せず、生物多様性の低下や荒廃に向かうことがわかってきた。また、二次林を「自然破壊の結果の劣った林」と捉えるのも妥当ではない。

自然に関して議論する場合に重要なことは、表2-1や図2-3（口絵9）のどのタイプの森林や風景を対象として検討するのか、まず定義が必要という認識である。森林に限定した場合でも、表2-1で分類した森林タイプそれぞれについて管理の目的と手法は全く異なる。さらに、里山では「草地」も重要な資源採取の場所であり、草地は禿げ山（森林破壊の結果）でないという事実がある。生態系や植生の保全は、資源利用の歴史的変遷を含めた森林生態の知識を必要とする。最近企業の社会貢献（CSR）などで実施される「植林活動」や「里山整備」のイベントでは、生物多様性保全を目標とすることが多い。おそらく、「植えると自然に森林になる」という思い違いがあると推測される。

3. 里山の放置が森林荒廃につながった

里山植生の変化の始まりは、1950年代からの燃料革命と化学肥料の普及である。プロパンガスや灯油が山間部でも燃料として使われるようになり、里山林では柴や薪の採取が停止した。農水省の統計では1950年代から薪の生産量が急激に低下し、1980年にゼロとなっている。そのため、現在の里山林の林齢（樹齢）は60〜90年程度が多い。

里山の高齢化と病害増加

薪炭林の伐採停止によって起こったことは、広葉樹の巨木化と林床の藪化（低木類の密生）である。高齢里山林ではアベマキやコナラの大木の下に、ヒサカキやサカキなど常緑中低木が増加し、耐陰性の高い樹種へと交代しつつある（図4-3、口絵16参照）。

里山の巨木化は2000年ごろまでは問題視されず、むしろ原生林への回帰のような良いイメージがあった。しかしその頃から放置里山では「ナラ枯れ」が増加した。病気の媒介者カシナガは大木で繁殖が活発である。枯死木は若齢林では発生しにくく、薪炭林施業をしていた

1930年代などに集団枯死の記録はあるが、散発的な発生でほとんど問題にならなかった。しかし、伐採されていない現在の里山には若齢林はなく（図1-6、口絵5）、直径50cm以上の大木も多いことから、集団枯死となりやすい。里山林に経済的価値が認められないため、被害阻止（防除）の対策は困難なまま被害が拡大した。集団枯死後の植生は自然の遷移とは異なる常緑中低木種の増加が目立ち、予想と異なる方向に遷移（偏向遷移）する例が目立っている（図2-3、口絵8）。

広葉樹は針葉樹よりも比重が高く、直径が20cmを超えると伐採時の危険性が高くなる。直径40cmでは材積が1m³（大住ら2014）で、生材では約1トンの重量になる。また、萌芽は高樹齢になるほど出にくくなるので、現在の高齢里山林はできるだけ早く伐採する必要がある。小面積の皆伐で林床を明るくすると萌芽が発生するが、間伐（抜き切り）では林床が十分に明るくならず、萌芽の生育は阻害される（116頁、図4-6）。人工林の管理手法と異なるという認識が必要である。

もう1つの里山の変化はアカマツ林の消失である。アカマツ林は昔から重要な資源であったが（図2-1C、口絵8、図2-2）、1900年代初めに北米から侵入した伝染病「マツ枯れ」（マツ材線虫病）によって、激しいアカマツ・クロマツ枯死の被害が継続している。枯死木の伐倒駆除や薬剤散布による被害防止は可能ではあるが、里山のマツ林全域に薬剤を毎年散布することは不可能で、今後もマツ林の減少は阻止できないのが現実である。近畿中国地方では、アカマツ林の範囲が１９８０年ごろから２０００年の間に著しく縮小した（4章参照）。マツタケ生産量は著しく低下もしくはゼロの状態となっている。アカマツ林の資源利用がなくなってからは林床には落ち葉が積もり、土壌の富栄養化が進んだため、マツが枯れた後は広葉樹が育ちやすい。しかし偏向遷移となって、常緑中低木種が優占する林に変化する傾向がある。注意すべき点は、土壌の富栄養化のためにマツが枯れたのではなく、伝染病で枯れた後に広葉樹が増加することである。病害の森林遷移への影響については注目されてこなかったが、実は自然の遷移よりも急速に10〜20年で著しく変化し（4章1）、森林生態系に大きな影響を与えている。

森林に依存する生物の変化

以上のような里山の変化は、昔から生息していた多種の生物に影響を与えた。低林管理の薪炭林の林床は陽光が充分に差し込んで明るかったので、エビネやシュンラン、カタクリ、サクラソウ類など、陽光が必要な山野草が豊富に見られた。絶滅危惧種の増加は、里山林の植生がこの半世紀で変化し暗くなったことと関連している（図1-6、口絵5）。また、里山林周縁部にはフキ、サンショウ、ウド、タラノキなどの山菜が生育し、田畑の畦にかけてはセンブリやゲンノショウコなどの民間薬が採れたが、近年はこれらの減少が指摘されている。植物や昆虫類は森林の中では互いに依存しており、林床の光量減少などの環境変化に伴って生息数の変化がある。「多様性が豊かな里山」は、萌芽更新をさせていたころの過去の遺産である。現在かろうじて残っている多様性の豊かさは、希少種のみを手厚く保護しても持続しない。里山林の下草刈りや間伐などで外見を美しく整えても、森林の持続性を確保したことにはならないことに、注意が必要である。

里山林荒廃には、野生動物、特にニホンジカによる食害の影響もある。生息密度の高い兵庫県では、林床の樹木の実生が食い尽くされて裸地化した場所が目立ち、そのような林地では土壌が流出しやすくなる。ナラ枯れの発生と重なると、大木が失われたあとに後継樹が育たないので、森林としての持続自体が危なくなる。被害軽減の対策としては、防護柵だけでなく頭数管理（狩猟による頭数制限）と、林縁の樹木伐採が不可欠である。畑と里山林の境界に防護柵が設置されると人が山林に入りにくいので、野生動物の行動域を拡大させて農林被害をかえって増やすことがわかっている。また、繁茂した樹木が動物の移動ルートとなって農地に来やすくなるので、野生動物管理と里山管理は連携して進める必要がある。

森林管理の手法と担い手への指導

人工林は農作物と同様の観点での継続管理が必要であり、今後の管理が可能な場所と管理できない場所を区分して、伐採と資源利用および再造林を実施する。人工林の間伐や搬出には行政的なサポートや補助金制度があり、社会的な課題としての取り組みが進みつつある。ただし、農家が所有する小面積の人工林については対応が遅れている。県庁等の行政では、森林組合を介しての補助になるため、森林経営をしていない農家の放置林については盲点となっている。

主に市町村の森林組合が人工林間伐を代行しているが、経営面のサポートはほとんどできていない。農村地帯では、森林管理技術の情報が所有者の農家に届いていないことが課題である。農家や集落共有の人工林部分は里山林の一角でもあり、里山整備の一部に含めて検討すべき場合もある。

今後重点的に取り組むべきことは里山の管理再開である。前項で説明したように、できるだけ迅速に里山管理を再開させる必要があり、行政のサポートで解決できる問題点がいくつか挙げられる。里山は整備が必要という意識は近年高まっているが、里山資源を使った世代は80歳を超え、次世代への伝承がほとんど途絶えてしまった。それより若い世代は、行政も里山所有者も持続的管理には無縁で、里山林の歴史や管理手法の知識が不十分な場合が多い。所有者は里山が収入につながらないため、管理意欲が極めて低いという現実がある。

所有者自身で管理できないことは行政側でも把握されている。しかし知識や技術のないボランティア団体に委託するようなことも各地で起こっている。実施側に「伐採木は資源」という認識がなく、林内放置や産業廃棄物として税金で焼却されることが多い。さらに危惧されることは、次世代林の再生（萌芽更新）過程を確認していないことである。森林は自然に再生するという誤解や、萌芽を待たずに広葉樹の苗を植栽するという誤った計画が見られる。

「伐採－資源利用－森林再生」は森林の持続性を確保するための一連の作業ととらえて、すべてを含めた計画にする必要がある（5章参照）。前述のように行政主導あるいはNPO等による里山整備の多くは「公園型整備」で、散策向きの林、美しい林が目標となっているが、下草刈りや細い樹木の抜き切りが中心で、大木はほとんど伐らないため林床が暗く、次世代の若齢木が成長しないほか、大木温存のためにナラ枯れを促進する結果ともなっている。活動者に森林生態系という意識がないと、ソメイヨシノやサザンカなどの観賞用品種や植栽場所に自生しない樹種を植栽する。数十年先の長期見通しがないまま下刈りや植栽などの単発的活動になるのも、知識不足に起因する大きな問題である。整備目的が「散策路の整備」「あずまやの設置」のように、森林管理ではない活動に傾くのは整備団体の質の問題と言える。資金の補助は地方自治体の判断で行うため、行政担当者が里山整備に関する知識を持って指導できることが重要であり、活動団体協議会の設置やセミナーの開催など、知識と技術レベルを上げるための取り組みが必要である。

3章　ナラ枯れは減らせるのか

1. 管理目標を認識して作戦を決める

第1章の3で「ナラ枯れ防除が難しい理由」について、概要を解説した。本項では、被害増加の理由や里山保全の目標を明確にする重要性を指摘する。効果のない防除方法への注意を含めた。

防除にこだわる視野の狭さ

昨今のCOVID-19（新型コロナウィルス）の蔓延で広く認識されたのは、伝染病では感染源（病気にかかった人）との接触をなくさないと、新規の感染は減らせないことである。森林の伝染病も、媒介昆虫を通じた病原体感染で枯死被害が増えるのは、人の病気と同様である。問題は、広大な森林から感染者をなくす（媒介者をなくす）には際限のない資金が必要なことである。枯死木を完璧になくす「防除」の費用を補助金（税金）でまかなえなくなると、ナラ枯れ対策の中止という判断になりがちである。

しかしながら、「枯れるままに放置するしかない」という単なる諦めでは、森林生態系への様々な影響や、倒木による人身事故のリスクが大きくなる。重要なことは、枯死木処理や薬剤施用だけが対策と思い込まずに、予防医学の観点で、感染が増えない森林環境にするという、「生態系管理」に考え方を変更することである。つまり、枯れる前に里山を伐採して、萌芽更新で若い林を再生させることが、長期的なナラ枯れ軽減への唯一の方法である。もう一点は、防除に高額の資金を使わないで、「できることに取り組む」という姿勢である。

何のための里山保全か

２０００年ごろまでは、旧薪炭林を含む広葉樹林では、大木はできるだけ残すのが良いと考えられていた。人工林のような木材生産の森ではないという意味で、農林水産省の統計資料では、里山林は「天然林」に含められているため、地方行政や自然保護団体などは、身近にある里山林を天然の林であると誤解して、「天然だから、自然に任せるのが最も良い」と判断してしまった。ナラ枯れが起こっている里山林の所有者は、主に農村集落と農家で、燃料や肥料としての価値が消失したので放置されることになった。江戸時代の名所絵図（図2-2）や古い資料を見ると、酷使されていた森林が放置されたのはたった70年ほど前からとわかる（タットマン1998）。里山のように人が伐採したあとに形成された二次林は、放置しても原生林には戻らない。私達はナラ枯れに出会ってようやく、人が作った林は「あるがままに任せる」ことや「景観を美しく整える」のでは持続しないことに気づいたのである。2010年ごろから、森林研究者にはその主張が受け入れられるようになり、関連の解説としては、「里山に入る前に考えること」（黒田ら2009）が参考になる。

しかしながら、多くの地方行政および各地の里山で整備を担う団体は、依然として大木を温存する方針が主流である。実は、そのナラ類の大木の温存という行為が、ナラ枯れの激害化と里山の荒廃を促進させている。里山の管理目標を「景観と多様性の保全」として実施していることが、実際には持続性にも多様性保全にも役立っていない。今必要なことは、里山二次林を健康に持続させるにはどのような目標を設定すべきか、その管理手法をどうするのかという根本的な検討であり、ナラ枯れ限定の対策ではないことを、理解してほしい。

効果がない防除手法とは

２０００年代ごろまでのマニュアルには、防除法に関する説明に重点が置かれていた。公的機関のホームページにはその頃の記述が残っており、今もそれらを参照してナラ枯れ対策をする地方自治体が多数みられる。ここでは特にその中でも20年前から「効果がない」と判明していた方法をあげる。

（1）樹幹のシート被覆

これは即刻中止したい手法である（図3-1、口絵10）。カシナガは地際に多数穿入する特徴があるが、太さ10cm程度以上の幹や枝では十分繁殖できるので、シート巻きされた木にも多数穿入する。たいていの場合、高さ２ｍや４ｍまでのシート巻きで、その上の太枝にはカシナガ穿入が起こって枯死する。また、地際にシートが巻かれていない場合には、そこへの集中加害で枯死しやすい。幹の一部をシートで覆っても加害は止められないことを認識する必要がある。また、シートを巻いた樹木では、樹幹温度の上昇や湿度の上昇など、自然状態にはない過酷な環境となる。そのことによる悪影響は十分に予想すべきである。

図 3-1　シート被覆による防除の失敗
カシノナガキクイムシはシートに覆われていない部位に穿入できる

（2）カシナガトラップ

カシナガを多数捕獲できる方法として、実施している場所があるが、効果の程度は検証できていない。つまり、数万頭のカシナガが捕獲されたとしても、その林内に100万頭のカシナガが生息していたなら、ナラ枯れ被害を減少させる効果はない。カシナガの母数が不明な状態で、ただ捕獲する作業に資金を投じるのは賢明ではない。なお、カシナガは集合フェロモンを持っているので、樹幹にトラップをかけてカシナガを捕獲すると、さらに多数のカシナガを誘引する可能性がある。効果があるという主張があるが、この手法で数本の枯死を防げたとしても、里山二次林全体の存続に貢献できるわけではない。

（3）粘着シート

樹幹に巻いてカシナガを捕獲する方法は、前述のトラップよりも捕獲能力が低く、被害軽減への効果は得られない。粘着シートは定期的に交換する必要があり、費用対効果を考えると、粘着剤の樹幹塗布やシートの利用は賢明ではない。

里山整備の一環としてできること

枯死木の全数の伐倒と殺虫ができない場合でも、完全に諦めることはない。ボランティア活動等で里山管理を実施している場所でナラ枯れが始まった場合、ただ傍観するのではなく、カシナガの繁殖を減らす方向で活動できる。ナラ枯れに対する行政の方針が決まる前に、迅速に動けることが大事である。

枯死木の処理には、広葉樹大木を伐採できる技術のある人をメンバーに入れる必要がある。それが難しい場合は、枯死木の一部だけでも行政に公的資金で伐採作業をしてもらう。危険防止の観点で、整備活動の継続には必要である。伐採木は放置しないで、以下の処理を行う。

(1) 薪にして使う

伐採木は薪の長さで玉切りして、太い部分は割って薪にする。割材して空気にさらすと、中に居るカシナガ幼虫は這い出して死亡する。乾燥まで風通しの良い場所で乾燥させると、翌年のカシナガの羽化を阻止できる。完璧ではなくても羽化するカシナガを減らすことでその林分での被害軽減につなげられる。薬剤で殺虫できなくても、効果はある。ただし、乾燥前に自宅に持ち帰らない。カシナガの死亡が少なくて羽化した場合に、新たな被害につながる恐れがある。

（2）きのこの植菌

伐採木に食用きのこ（腐朽菌）を植菌すると、カシナガが餌にしている共生菌が腐朽菌に駆逐される。その結果、カシナガは餓死して羽化できない。シイタケ、ナメコ、エノキタケなど、市販の種コマを購入して使う。ただし、この場合も自宅などにほだ木を移動させてはいけない。カシナガが完全に死滅しない例がかなりあるので、新たな被害を起こすことがある。

（3）チップ化

幹の細い部分や枝は、チッパーがあれば粉砕して空気にさらす。これでカシナガ幼虫を殺虫できる。ただし、たくさん積み上げると材内の湿度が高いまま推移し、カシナガは死亡しにくい。成虫まで育って羽化する可能性が高まるので、チップ化の後の保管場所と保管方法には注意が必要である。

（4）伐採木の管理

伐採丸太は伐採地から移動させる前に（1）～（3）の処理を行う。実施団体では、利用上のルールを決め、身勝手な行動を止める責任がある。また、林内に玉切りの材などを置くことになるので、歩行者のある場所では実施しないことや、安全管理が必要である。

2. 従来の「防除」に頼らない被害の減らし方

残念ながら毎年夏には、幹のシート巻きなど効果のないナラ枯れ対策が各地で見られる。伐倒駆除を実施していない地域では、「何かを実施しなければ」という強迫観念もあると見える。前例や誰かの話に従うということになっていないか、振り返ることを心がけてほしい。

２０２０年ごろから、東海～関東地方の丘陵や平地林で被害が増えたが、自治体で数年間の様子眺めをして、一気に激害化してしまったところが多い。防除の費用が足りないという段階では、ただあきらめてしまわず、将来に向けた効果的な計画に切り替えることを検討してほしい。伐倒駆除を実施しない場合でも、事故防止という観点で被害状況を把握する必要がある。また、枯死木はすべて放置でも仕方ないと考えるのではなく、カシナガの繁殖を抑制する方法は64頁に紹介したこと以外にもいくつかあるので、できるだけ実施したい。

長期で公的な取り組みは行政主導で実施

公的資金を使う行政は、費用対効果の検証と、将来につながる対策を検討しているだろうか。森林公園のように景観保全を行ってきた場所では、指定管理者は、委託元の行政と共に「持続する林」を重視した管理に方針転換できるだろうか。府県や市町では、広域のナラ枯れ被害調査を毎年繰り返し続けるような、本末転倒が続いている。完璧な防除は無理と判明した段階で、せめて調査だけでも続けるという逃げでは、効果のある行動に移せない。調査の問題点については、72頁以降に解説した。

1章で述べたとおり、景観整備という表面的な管理では、ナラ枯れだけでなく森林自体の荒廃を止めることができない。林床を美しくすることや、森林を遠くから眺める景観の整備ではない、真の管理が必要である。そのためには、NPOやボランティア団体への委託内容について見直す必要がある。

①ナラ枯れ発生地域では、枯死木への対策を「防除」から「安全管理」に切り替える。枯死木は

極めて短期間で腐朽が進んで倒木するので、人的災害につながりやすい。その視点で処理木を選択する。衛星画像や航空画像では危険木の選別はできないので、府県全域を把握するという目標は立てず、市町村レベルで判断する。詳細は次頁に述べる。

②ナラ枯れが進んだ林分では枯死後の植生変化を記録する。ナラ類の大木の一部が枯死しても林内はかなり暗いことが多いので、高木種がどの程度再生できるか確認して、遷移の方向を推測する。その上で、長期の管理目標を策定して伐採を伴う管理に移行する。詳細は第2部に説明する。

③ナラ枯れ未発生地では、里山二次林の目標を検討し、資源の利用方法を考えた上で、計画的な伐採および萌芽更新へと進める。手順は第2部に説明する。

枯死木の倒壊事故を防止する

カシナガ穿入があって生き延びた木を含めて、ナラ枯れ被害木には、腐朽菌が感染して蔓延しやすい。非常に短期間で枝や幹の物理的強度が低下し、容易に折れることになる。夏の枯死木から3カ月後、11月には幹上部や太枝の腐朽が進んでいた事例を見ている。人や車が通行する場所では、防除とは異なる安全という観点で、枯死木や被害木の除去を実施する必要がある。ある神社の境内では、緑の葉を多数つけていたシイ（穿入生残木）が、11月の台風時に幹折れした（図3-2、口絵11）。主幹部の断面でわかるように広範囲が腐朽しており、強度の低下が原因で折れていた。人の往来が頻繁な場所では特に、生残木でも折れることを念頭に、被害木の除去が必要である。

安全のための伐採においては、衛星画像や航空画像を利用して作成した被害地図は役立たない。資料として使えない理由は、縮尺が荒すぎること、周囲の往来との関連性が不明なこと、枯死木の誤診断が多いこと（判別精度が低すぎる）、伐るべき生残木を検出できないことである。しかしながら、市町村等の行政ですべての地域を踏査するのは困難である。居住者に対して、枯死木は危険という注意喚起を市町村の広報で十分に行う必要がある。町内会や地区で、太い枯死木を意識することから指導してほしい。枯死木がある場所には生残木もあるという認識で、ピンポイントの踏査を行って、危険木判断へと進むのがよい。伐採できない場所は通行止めにするなど、次善の策をとることになるだろう。

昨今は、一般住民の地方行政への依存度が高い傾向にあるが、我が身の危険を各自が察知する姿勢は重要である。すべてを役所の責任と捉えずに、地域住民との協働で森林への対応を考

図 3-2　穿入生残木への腐朽菌感染と切損（京都市）

えるのが望ましいと考えている。予算の範囲しか対処できないという考え方では、事故防止のような重要案件で失敗することになる。大きな自治体では地域とのコミュニケーションが困難なこともあると思うが、「なぜそうするのか」という住民への説明が必要な場面は増えると考えている。

危険木の除去については、ナラ枯れ防止とは切り離して実施するのが妥当である。なぜなら、ナラ枯れ対策の一環ではやはり「ナラ類枯死木」のみに捕らわれてしまう。5章2「広葉樹の伐採」で説明しているように、ナラ枯れ対策は森林管理の一環として実施すべきことで、枯死木へのこだわりを減らすことを提案する。この事故防止対策においても、ナラ枯れ限定の検討では「ナラ枯れ予算が足りない」となって、管理への行動が遅れる原因ともなる。そうではなく、「居住地の安全性確保」という目標の中で処理木を決定すべきである。腐朽の進行で危険な木、大木化で伐採が望ましい街路樹、台風時の安全性確保など、危険性のレベルを他の検討項目と合わせて判断してほしい。

3. ナラ枯れに関する誤解と問題点

ナラ枯れでは被害発生に気づいてから数年で激害になりやすく、地方自治体では対応に追われている様子が見受けられる。その中には、ウエブ上の誤情報に惑わされる例や、信頼性の低い調査の発注、目的の不明確な被害調査の継続など、問題が多数認められる。本項では特に重大な誤解を指摘する。

目的の不明確な広域の被害木調査は役に立たない

(1) 枯死本数を数えても、ナラ枯れ対策にはつながらない

ナラ枯れ被害木(カシナガの穿入木)では、枯れる木と枯れない木の事前予測は不可能である。感染木の辺材では菌の感染部分に褐色の変色が広がり、変色程度によって幹の水揚げ能力の低下度が異なる。カシナガの穿入密度が高く樹幹下部の変色割合が9割にもなると枯死するが、変色が少ない場合、「枯れるかどうか」は秋になるまで不明である(図3-3、口絵12)。本病のような樹木萎凋病では、樹幹の通水阻害の程度と水の供給量とのバランスで生死が決まる。夏の降雨量が少ない年は、枝葉が必要とする水を根から供給しきれず、枯死木が多い傾向がある。枯死木の背後には多数の穿入生残木(生存木)があるので、枯死木を数えるだけでは、被害林の行く末は見えてこない。

(2) リモートセンシングによる早期発見は不可能

マツ枯れやナラ枯れなど「樹木萎凋病」の特徴は、樹幹内に病原体が広がって幹で通水が低下し、枝葉まで水が上がらなくなって葉枯れと枯死に進むことである。幹の中で病気が進ん

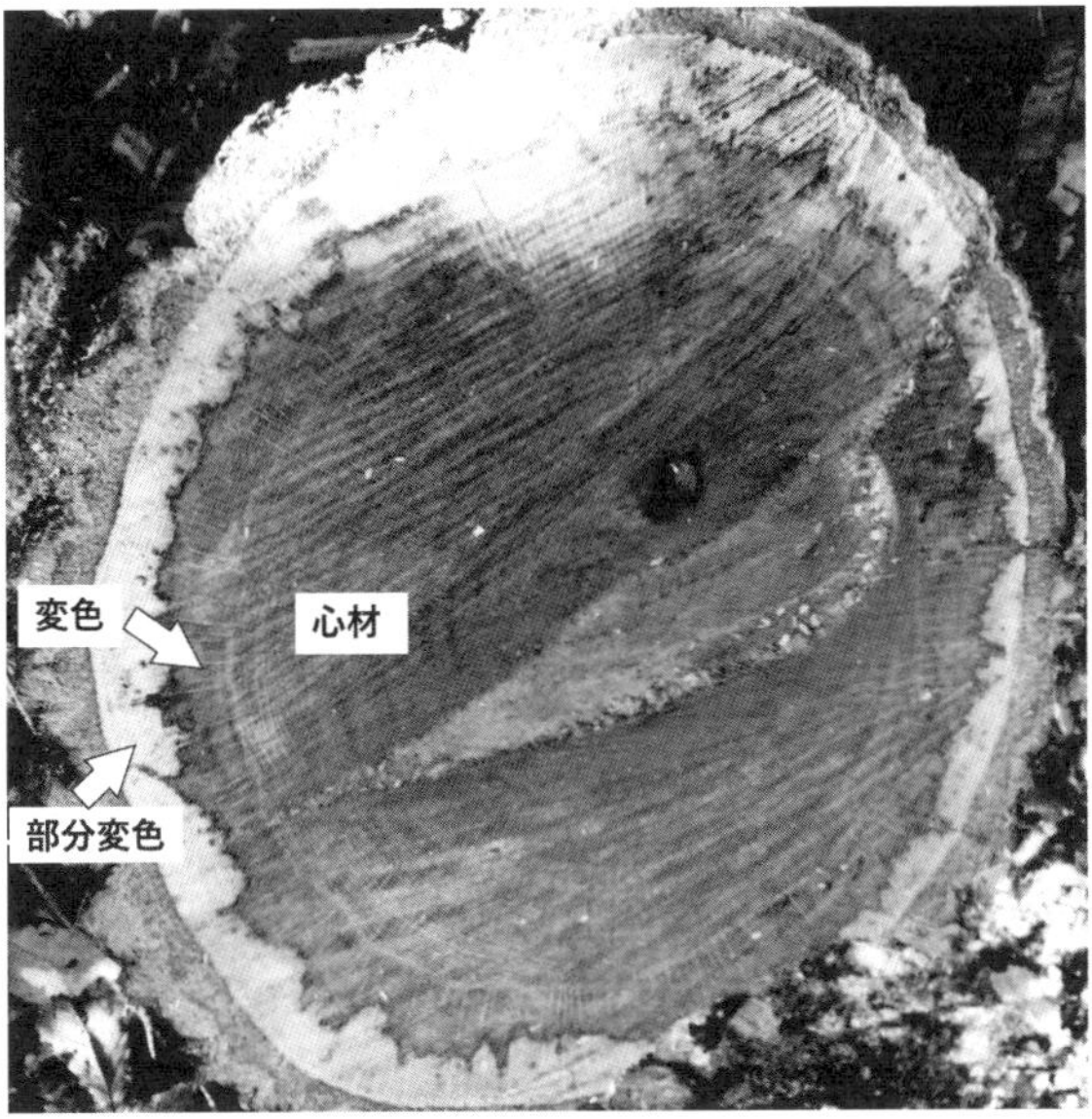

図 3-3　部分変色の生残木
辺材が部分変色でとどまって通水が持続した場合は、生き残る場合がある

でから最後に葉枯れへ進むので、小型ドローン（UAV）による赤外線等を用いた撮影では、「この木は枯れますよ」という証拠は枯死前には見つからない。リモートセンシング会社から地方行政への調査提案が頻繁になっており、すでにこの方法で調査を実施した市や県がある。しかし、枯死していない木を異常木とカウントする誤りが多く、実施機関は早急に発注を再検討すべきである。被害木を調べるのであれば、カシナガの穿入

孔の多少を「地上から目視で調査」が必須である。県全域の調査をしても利用できないデータになるので、考え直す必要がある。なお、菌が感染して葉を変色させる病気（葉枯れ性病害）では、上空から病気の進行を検出できることはある。

（3）8月の被害調査では被害本数は把握できない

カシナガが脱出し、健全木に穿入し始めるのは6月ごろからである（地域差あり）。梅雨明けから1～2週間たった7月末ごろから、葉枯れによって枯死木が人の目に見え始める。枯死の多発時期は8～9月であるが、10月ごろまで枯れる木は出る。だから枯死本数調査は8月では早すぎる。次に述べるように「枯死前の木の早期発見（発症の前）」は今の技術では不可能であり、8月に「未発症の木」を発見することはできない。この調査では年度末での被害本数よりはるかに少ない本数となり、新規被害場所の発見に失敗する。

（4）毎年繰り返し被害調査を続ける理由はない

府県や市町村で、綿密な被害木調査（枯死本数、被害木本数、被害位置の調査）を続ける理由は何だろうか。徹底防除の実施には、伐倒と燻蒸の予算獲得のために、詳しい調査は必要である。

また、枯死木折損による事故の防止など「リスク管理」では、どの枯死木を伐倒搬出するか決めるための情報収集が必要になる。しかし、ナラ枯れ対策として、被害木を地図上に毎年プロットしても、そこから効果的な対策案は出ないことを理解してほしい。

認識したいのは、リスク回避のための調査は、防除の場合とは調査の項目や精度が異なることである。前述のように、ナラ枯れ木には腐朽菌が二次感染し、倒木まで数カ月〜1年程度と期間が非常に短い。伐倒駆除をしない場合でも、道路沿いや民家付近で、目視によって危険木を判定する必要がある。一方、里山再生を目指す場合、枯死木分布の詳細データは役立たない。それよりも、健全なナラ類を伐採したらどのように更新しそうか、地上踏査によって現在の植生の目視の判断が重要である。

今年のデータを行政が特定の目的に利用する計画がないなら、その調査は調査で終わってしまう。「何のために」が明らかではない調査は無駄になることが多い。なお、研究のために基礎データを取る場合は、研究目的によって調査面積や精度が変化する。

(5) 早期発見の技術開発は見当違い

「感染木の早期発見」(発病前の発見)を目標とする研究が話題になるが、ここには落とし穴がある。ナラ枯れやマツ枯れでは、葉枯れという外見の変化（外部病徴）が出る前に感染木を発見できても、その木を助けて健康回復させることはできない。なぜなら、症状が出るのは末期であって、幹の中では病気はすでに回復できない段階に進んでいるからである。「見た目の変化より前にわかる」というのは、人間にとっての早期発見であって、病気としては末期段階である。仮に早期発見できても、ナラ枯れには治療方法がないので、感染木を助けられないのは同じである。研究者に早期診断技術の開発を求める前に、検査の精度を上げる意義があるのか、それで何ができるのか考える必要がある。まずは発病メカニズムの理解からである。

（6）生残木調査は被害軽減につながらない

前述のように、カシナガの穿入があって生き残った「生残木」にも再穿入があり、生残木でもカシナガ繁殖が活発な場合がある。数年程度穿入が続いたあと枯れる例もある。つまり、枯死木のみを毎年選択して伐倒してもカシナガの徹底駆除とはならない。また、穿入孔から排泄されるフラス（木屑）を目印にカシナガ穿入木（枯死前）を全部見つけるのは、現実には非常に困難である。以上の理由で、増える被害木や生残木を毎年調査し続けても、有効な対策につながらないことを認識したい。

繰り返される質問と誤解

(1) 被害は出ないだろうという楽観

2008年出版の前書や多くの解説文で、近隣市町村でナラ枯れが出たら緊急の対策が必要と言い続けてきた。しかし大抵は枯れ始めるまでは楽観視しており、行政や山林所有者はその対策の検討を始めない。また、枯死が始まってても数年程度は様子眺めをしてしまい、結果として被害の初期消火ができないまま手に負えない激害となる。

ナラ枯れ被害は1年に30㎞程度の拡大が見られるが、羽化したカシナガの大群が30㎞飛ぶのではない。ナラ類の枯死が始まる数年以上前から、カシナガの繁殖の活発化が先行していると考えられる。カシナガの穿孔が少ない間は、勢いよく枯れずに生き残る可能性が高い。枯死が騒ぎになるころには、その林の中のカシナガの生息密度が上がっているので、数本の枯死木を伐って処理しても被害は減らないのである。人間は「うちは大丈夫」という楽観をしやすい傾向があるが、日本のどの地域でもカシナガの繁殖が活発になる環境にあることを意識し、ナラ枯れ対策ではない二次林管理の議論に進んでほしい。

(2) キクイムシ類は弱った木に最後のとどめを刺すのか

カシナガは養菌性キクイムシで、北海道に生息するヤツバキクイムシは樹皮下キクイムシである。どちらの加害においても、共生あるいは随伴する病原菌によって木が枯れる。この2種は衰弱木に穿入して最後のとどめを刺す(枯らす)のではなく、生理的に大きな異常のない(おおむね健全と推定される)木に病原菌を感染させて枯らし、同時に自分の繁殖を有利にしている。健全木を加害できると、繁殖場所を独り占めできる点で種の繁栄に有利である。衰弱木も利用するが、健全木を積極的に加害できる種に注目してほしい。

2000年代ごろまでの昆虫生態学では、養菌性キクムシ類が病原菌を運ぶことは知られていなかった。養菌性という名前は、食糧用の菌を樹木内で培養して子育てに用いるからである。だから、カシナガや枯死木の幹から常に検出された真菌類 *Raffaelea quercivora* がナラ枯れの病原菌でカシナガの共生菌であることは、発見から10年近くも学会で認められなかった。病気の原因は菌であるが、媒介者のキクイムシは「菌の乗り物」として菌の長距離移動に重要な役目を担う。病原菌を運ぶキクイムシとしては、イチジク株枯病菌と共生するアイノキクイムシ、マンゴーなどの枝枯れ病菌を運ぶナンヨウキクイムシなどがある。北海道で台風の後にヤツバキクイムシの被害が増えるのは、風で傷ついた幹や倒木から揮発性成分が放出され、その匂いが虫を誘引することと、繁殖しやすい倒木が増えるためである。キクイムシ類の中には、ヨシブエナガキクイムシのように衰弱～枯死木で繁殖する種類もある。ナラ枯れ被害木ではカシナガ以外のキクイムシ類も繁殖する。枯死の過程で穿入するキクイムシもあり、それらの種の識別は学術的な目的以外には必要性は低い。

なお、木が元気かどうかは現在は外見による判断でしかない。つまり、「健全、健康」は枝葉が多い、枯れ枝が少ないなどで判断している。衰弱木もまた外見の判断である。キクイムシ類が利用できる木の状態については、樹木生理学的な研究に基づいて議論する必要がある。

(3) 病害虫との共存とは

害虫も病原菌も森林生態系の中では共存関係だという解釈がある。特定の生物のみが大発生したらその種は存続できないので、「特定の生物が、再生不可能なほど森林を破壊することはない」という考え方である。これを根拠に、「病虫害と共存」「野生獣との共存を目指すべき」という人が多いが、平和な共存というものはなく、これは現代人が作ったファンタジーとも言える。「昔は共存できていた」のではなく、人は精一杯生物被害を押し返して退治して、「人間の取り分を確保」していた。ナラ枯れ後に貧相な生態に変化した場所を見れば、「ナラ枯れも自然の摂理だから放置して良い」とは言えないだろう。

ミズナラばかりの旧薪炭林や、里山のアカマツ林で伝染病が発生すると、水田や野菜畑と同様に短期間に被害木が劇的に増加する。二次林のように、人が関わってできた環境では、管理という考え方を入れないと持続させられない場合がある。しかし畑よりも生態が複雑な森林では、農薬の継続的使用には慎重になる必要があり、だからこそ「予防医学」の考え方で、持続性のある生態を目指した管理が重要となる。景観重視の森林公園の多くはその認識が薄く、ナラ枯れという現象のみへの対処になっている。

(4) 木の抵抗力が弱くなったので枯れるという誤解

「木の抵抗力」とは「樹木組織の防御反応」と言い換えられる。キクイムシ類の集中アタックに対して、木の組織は防御反応を強めるが、抗菌成分を作りすぎて自分自身の細胞をも殺し、水分通導を止めてしまうので枯れる。つまり、抵抗力が強い木ほど抗菌性物質をたくさん生産できるが、それによって自身の細胞が死んで枯死しやすくなると言える。この誤解は、「枯れなかったのは抵抗力があるから」「枯れた木は病原菌への感受性が高い」のような、単純な解釈のためと考えられる。感受性が高いという表現は、「枯れた木は弱かった」という意味でしかない。

このナラ枯れでは、外見的には衰弱とは見えない木、葉の茂りが良い木でも急激に枯れている。昔は、落雷などで衰弱した木でカシナガが増えると言われていたが、カシナガの生息密度が上昇した現在では、そうとは限らないことが判明している。

(5) 老齢木だけが枯れるのではない

ここにも誤解がある。カシナガはさまざまな直径のナラ・カシ類を加害する。老齢木のみを選択してはおらず、直径が10cm程度以上で繁殖できる。しかし、直径が太いほど繁殖が活発になり枯死木から多数の成虫が羽化するので、大径枯死木が多い場所では翌年の被害本数が増えやすい。今、薪炭林はどこも高齢化して樹齢60〜90年生であることから、高齢林の枯れが目立つのである。

旧薪炭林では切り株から萌芽更新させているため、株立ち（根本は1つで、幹が2〜5本ある）が多く、それが多数枯れた。株立ちの木では樹冠・幹と根のバランスが悪く、枝葉で必要な水が十分に届きにくいため、枯死しやすい傾向はあるだろう。しかし単幹のナラ・カシ類も同様に多数枯れており、被害木は「衰弱した木」とは言えない。

(6)「虫にやられる前に伐って若返らせる」のは里山問題の本質的解決になるのか

「伐って若返り」は、ナラ枯れ拡大の歯止めとしての、緊急避難的な提案である。萌芽した若齢木は被害が少なく枯れにくいので、ひとまずその安心な状態にするという「リセット」である。しかしナラやカシ類ばかりの薪炭林だったから、枯死被害が大発生した点に注意が要る。とりあえず枯死の拡大を抑えた上で、将来どのような林として持続させるのか考えて、目標を定めるよう推奨している。薪炭林型の萌芽林を今回伐採したまま放置すると、数十年後にまたナラ枯れが起こることを認識したい。その土地に合った高木種を選んで樹種構成を変えるなら、ナラ枯れの再来に強い林へと移行させることができる。薪炭林型の若齢林として維持しないなら、ナラ・カシ類の割合は減らして、所有者の収入にできるような樹種を選ぶことを推奨する。ただし、保安林に指定すると放置になるので、このような管理からの逃げは防ぎたい。

里山の管理の考え方

(1) 自然はあるがまま放置するのが良いという誤解

森林の歴史は人が森林に関わった歴史よりはるかに長いのだから、あるがままで持続させるべきと考える人は多い。一方、近年の気候変動や河川改修、砂防・治山などによる変化は過去に経験していないので、過去のようなあるがままで良いのか心配という見方もある。まず、「自然」とは何を指すのか（図2-3）を決めてからでないと議論は水かけ論になるので、ここでは里山二次林に対象を限定する。土壌環境の悪化を指摘する説がある一方で、アカマツ林しか育たなかった100年前より、今の方が落ち葉の蓄積で腐葉土は増えており、広葉樹林が育ちやすくなっている。単純に「あるがままで良い」と言えない状況にあるので、それぞれの地域で、生態系の変化について科学的に把握し、子孫に渡す環境はどうあるべきなのか、議論する必要があるだろう。

(2) 科学データだけで判断するのは危ういのか

科学の分野ではデータを元にして説明し、まだ判っていないことは、「判っていない」と言う。ただし「判っていないことを解っていない（知らない）」ことが結構ある。1990年代以降のナラ枯れ被害増加の科学的な説明は、「日本在来のキクイムシであるカシナガの生息密度が上がり、それが継続する状態なので被害が減らない」である。現時点での二次林管理の提案は、「萌芽更新による若齢林化を図れば、枯死被害は減らせる」である。もちろん、ニホンジカの生息が多い場所では、萌芽の食害でナラ類が再生しないので、シカ対策が必須となる。

ナラ枯れ木の伐倒駆除という対症療法に、2000年代までは依存していた。しかしその後、「山地では伐倒駆除が困難で、しかも被害軽減効果が低いことが判明した」ので推奨しなくなった。このように、研究の進展によって推奨する対策や手法は変化しており、昔に発行されたマニュアル類をそのまま適用すると、方向性を誤ることがある。

ナラ枯れが増えて困るのは人間である。カシナガにとっては、今は繁栄しやすい最高の環境である。人の存在を外せば、森で倒木や土砂流出があっても全く構わないのであるが、社会の課題としては、人間の生活や経済活動を重視した判断になる。このように、立ち位置によって問題意識や論点が変わるので、自然に絡む議論では誤解が多く、水かけ論になりやすい。

4. 行政・公園管理者の取り組みと課題

2020年以降にはナラ枯れ地域がさらに拡大し、地方行政から、被害への対応方法や今後の方針についての問い合わせが増加した。関東地方では丘陵地や平地林の被害が特徴で、旧薪

図 3-4　大山山麓のミズナラ集団枯死（鳥取県大山町大山、2020）

炭林や草原等から樹林に変化した場所など、地域性がある。一方、ナラ枯れは重大な課題にはなっていない地域から、放置され荒廃しつつある里山二次林について、扱い方と資源利用方法の相談も増えた。それらの中から、特徴のある事例について具体的に説明する。

鳥取県大山町

伯耆大山の麓では、２０２０年に広大な面積でミズナラが枯死した（図３-４、口絵13）。その後は年間の枯死被害量が低下したようである。この地域は長年にわたって薪炭林として利用されており、萌芽の活発なミズナラの優占する林が多くなったと考えられている。ブナや他の樹種の割合が

表 3-1　ナラ枯れに関する質問：市町の例

	質問	回答
1	対策について、林野庁や学会の提言、改定はどのように行われているのか。	被害対策は極めて困難で、従来の防除法の効果が出ないことは、各地の被害動向から明らかになっている。
2	平成22年がピークと言われているが、今後の被害拡大はどうなるのか。統計では被害のある都府県が増えているが、全国的には減少傾向か。	ピークという見方はできない。調査していない地域があることや、被害開始時期や増加傾向が場所により異なることと、各地で年変動があるので、全国の被害量の増減は、全く参考にならない。
3	枯死木を放置して良いか。枯死した翌年の夏以降に、カシナガはまた別の木にとりつくか。	枯死木を放置すると、カシナガは翌年春から9月頃まで羽化して飛び立ち、周囲の生存木に穿入する。ただし、枯死木には再度穿入することはない。
4	対策が有効的に実施確認できた事例の紹介、費用総額についてお伺いしたい。	伐倒駆除で被害を減らすのは困難で、成功事例はほとんど無い。防除費は被害量によって異なるので予想できない。伐倒駆除には毎年費用が必要となる。
5	半分枯れているが、半分はまだ葉が茂っている樹木は、はこれからどうなるのか。	1～2年で全枯れになることが多い。部分枯れでは根は枯れていないが、幹の枯死部分で腐朽が進んで折れやすい。カシナガが生存部分に再度穿入することがあり、早めに伐るのが安全。
6	枯死木が倒壊する危険な状態になるのはいつ頃なのか。	枯死年の秋に枝が腐朽して落下することがある。幹は1～2年で倒木の危険性がある。事故が起こりやすい場所では、枯れた年度に伐採するのがよい。
7	ナラ枯れは、松枯れのように全滅するまで感染拡大するのか。	カシナガ繁殖に適した木がある間は、枯れ続ける可能性はある。マツ枯れの場合も、全滅するかどうかは予測できず、それはナラ類も同じ。
8	ブナ科以外の広葉樹、他の樹木への感染はあるのか。針葉樹への感染の可能性はあるか。	枯死被害の記録はブナ科のみ。ただし、ブナ科ブナ属は枯れない。針葉樹や他の広葉樹種にカシナガが誤って穿入することはあるが、枯死例はない。
9	荷物梱包用のラップで穿入を阻止できないか？	阻止できない。シートを巻いた以外の部位から穿入する。

	質問	回答
10	防腐剤（7000円/14 ℓ）を立木に注入使用できないか？	許可の無い薬剤を使うのは法律違反で、人や動物への危険性があるので、絶対に使用してはいけない。防腐剤は効果がない。
11	ナラ枯れ予防消毒剤はどのようなものがあるか。購入先（単価）等を知りたい。	樹幹注入薬（消毒剤ではなく殺菌剤）は、2～3年に1回の注入となり、継続的に費用が必要なので推奨しない。太さにより必要量が変わる。
12	ナラ枯れ樹木の活用方法は？（例）ほだ木、薪、チップ、その他	ほだ木、薪などに活用できるが、枯死した年度内に割って乾かすか、植菌を済ませること。丸太のまま他の地域に運ぶと被害を広げる。
14	今年度、神奈川県で被害が拡大した原因は何か。天候等は関係あるのか。	カシナガが繁殖できるナラ類大木の存在と、被害初期に枯死木を放置したためであろう。気温高めの年は昆虫の繁殖が活発で、枯死が多い傾向はある。
15	被害の収束の見通しはどうか。	里山にナラ類の大木が多い場合は、収束の目処は立たない。収束させたいなら、未被害地も含めて伐採し、萌芽更新で若い林に再生させる。
17	ナラ枯れの後に何もしないと何の木が生えてくるのか。	被害発生地域に、ナラ類以外にどのような樹種が生えているのかによる。植生調査が必要。
18	森林の更新（萌芽更新）を進める場合、鹿等の食害に対する対策は必要か。	ニホンジカの食害がある場所では、防護柵の設置などで萌芽の食害を防ぐ対策が必要。
19	コナラの場合、2～3割が枯死すると言われているが、地域差はあるのか？	どこの情報か不明であるが、2～3割という数字は正しくない。場所により違う。
20	クリアファイルのトラップは、被害が拡大段階で効果はあるのか。低予算でできるなら、ボランティア団体等で実施したい。	微害地でも被害拡大段階でも、設置効果は検証されていない。カシナガを集めると、集合フェロモンで被害をかえって増やす恐れがある。
21	山形県のおとり丸太法は、被害が拡大している場所でも効果はあるか。	おとり木は綿密な計画と技術が必要で、安易に実施すると失敗しやすい。被害が拡大した場合は、コストと人手の面で、実施困難。

図 3-5　危険性の高い急斜面の集団枯死（大山２０２０）

やや高い林分では、ミズナラの枯死割合が高くても、森林としての荒廃には至らず持続するものと推測された。当地域ではブナを植栽する活動団体があり、そこがブナを補植するという取り組みが進んでいた。ただし、ミズナラの純林に近い斜面もあり（図3-5、口絵14）、大半の樹木が面的に枯死した部分では、枯死木の斜面落下によって河川のせき止めや砂防ダム損壊の恐れがあり、被害を放置した場合の危険性を把握する必要がある。

神奈川県秦野市などの農地周辺

２０２０年ごろからのナラ枯れ増加から各地の行政には危機感があり、現地視察とセミナーにより対応した。農地の周囲にある旧薪炭林で被害があり、ボランティア団体が一部の里山の整備を担当している。しかし景観整備主体の管理であったため、枯死の増加によって活動方針をどうするか決めかねている。行政およびセミナー参加者から事前事後に多数の質問があった。多くの市町と共通の質問が多いので表3-1に示す。

静岡県御殿場市

御殿場市東部の東山荘（YMCAの施設）付近や財産区の所有林などでナラ枯れ被害が広がっている。東山荘の周辺は大正4年ごろには草原であったことが古い写真で判明している。草地の利用がなくなり、別荘などへの転用が進むにつれて樹木が生育するようになった場所である。現在は人工林のほかにクヌギやコナラが自生しているが、林としての管理はされていない。秩父宮記念公園と東山荘における2020年夏期の被害木は、幹直径は30〜50㎝であった。穿入年の夏に枯死したコナラのほかに、数年前からフラスが出ていたというクヌギがあった。

また、富士山御胎内清宏園など、市中央部の旧薪炭林には大径木が多く継続的に枯死している。西側の富士山の裾野にも集団的な大木の枯死が認められた。いずれの場所も景観を整える

表 3-2　森林公園等の管理地に多い質問

質問	返答
今年度予算が付いたので、春から伐採を行っている。目的は園路の安全確保。	春以降の伐採は絶対に不可で、冬の間に完了すること。理由は、春以降は被害木からカシナガが羽化するので被害を減らせない。安全管理が目的であっても、病気についての理解が必要である。なお、健全木を春以降に伐採すると、カシナガを誘引し、周囲の立木に被害を起こすので、健全木も冬に伐採する。
カシノナガキクイムシは地上何メートルまで加害するのか。	加害部分の高さは決まっていない。カシナガは直径10cm以上の部分では繁殖でき、高さ10m以上でも繁殖することが多い。
伐採前に強剪定を行って、枝折れを防ぐ対策は有効か。	強剪定の効果はない。穿入生残木では幹本体で腐朽が進行する。枝を剪定して太枝の落下を防いでも、倒木による事故は防げない。

という管理になっており、被害が広がってからの対策は困難な状況であった。

関東の丘陵地・公園等

２０２０年ごろから、狭山丘陵などの広域で被害が拡大している。特に森林公園では、管理区域全体が旧薪炭林であることや、これまでは景観保全を主体に実施してきたことから、ナラ枯れ被害への対応が迅速に行えていないことが多い。公園では指定管理者への委託になり、森林の植生遷移、樹木の生理的特性や病害などについて、知識が十分ではない場合が見受けられる。表３-２は、ナラ枯れという現象を十分に理解できていない質問で、前書や近年の解説を参照せずに悩んでいることがわかる。専門外であれば、専門家に指導を依頼して信頼できる情報を得る必要があり、迅速に判断してほしい。公園の場合は来訪者に対して、伐採の必要生や今後の作業内容などを科学的観点から丁寧に説明する必要がある。

三富地域の平地林（川越市ほか）

柳沢吉保により1690年代に開発された「三富新田（上富・中富・下富）」は約3200haで、川越市、所沢市、狭山市、ふじみ野市、三芳町の5市町にまたがる（埼玉県資料）。肥料不足への対応として落ち葉採取用のクヌギ・コナラを植林し、短冊状の平地林が農地とセットで入植者に配布された。木材としても利用された。落ち葉採取は現在も続けられているものの、樹木は伐採を伴う管理はなく、そこにナラ枯れが発生して被害が拡大しつつある。また、林内は樹木の密生と高齢化のために暗くなっており、場所によってはアラカシなど常緑樹が増加している。

国土交通省の報告書「都市の命と暮らしを支える三富平地林の伐採と活用に関する実証調査」（2014）には、この地域の歴史と現況について非常に詳しく記述されている。主体的な更

表 3-3　平地林のナラ枯れに関する質疑応答

	質問	回答
1	現時点の枯死率は約８％で、近隣では枯死率が高い林もある。その違いはなぜ起こるのか。	カシナガ穿入後に生き残る木（生残木）はある。「一度だけ加害」とは限らず、翌年以降に枯死が増える可能性がある。感染により水の吸い上げが低下すると枯れるので、土壌の保水力によっても枯れやすさは違ってくる。
2	所有者である農家は、切った後にほっておけばまた木は生えると思っている。樹齢的に萌芽更新は難しいので植栽をお願いしているが、陽樹のコナラは、どれくらい林冠の開きがあれば生育可能か。	高齢樹でも萌芽更新する場合もあり、まずは萌芽を待つ。種子からも芽生えるので急いで植樹しない。抜き伐りでは林床への照度が不足するので、必ず小面積皆伐する。ナラ類を植えて放置すると数十年後にまた枯れるので、植えるなら木材として使える有用樹種を選択する。
3	約１haの内、輪伐として0.2haを皆伐して植栽したが、３年過ぎても高木に隣接したコナラはほどんど育っていない。一方、大きなギャップは、急激な環境変化による被害拡大、カシナガの誘引を起こす危険性が指摘される。更新に必要なギャップの広さを知りたい。	昔は1反（0.1ha＝30m×30m）単位程で伐採していたことが参考になる。林床が明るくないと陽樹の萌芽や実生は育たない。高木を残した抜き伐りではカシナガの飛来が増えて被害が増えるので、小面積皆伐の方がむしろ安心である。陽樹の苗は日陰（大木の横）では育たない。コナラやクヌギばかりの植栽は、上述のように推奨できない。
4	根元に穿孔があって、２本株立ちの片方は枯れたが、片方の幹には穿孔がなく、枯れていないことがある。この場合、枯れていないものも伐採が必要か。	根株に穿入があるなら、いずれ株全部が枯れやすい。生残木へのカシナガの再穿入で枯れる木もある。生残木だけ残すして伐採すると、林床が暗くて萌芽再生が阻害されるなどの理由で、生残木を残す価値は低い。
5	伐採できない木で、カシナガの脱出を抑えるためシートを巻く対策を行っている所がある。この方法は適正か、よりよい方法があるのか。	枯死木にシート巻きをしてもカシナガは脱出するし、枯死木は腐朽菌による倒木が起こるので、危険木を残すことになる。そこにお金をかけないで、伐倒や次世代林の育成に資金を使ってほしい。健全木も含めて伐採して、再生させるのが良い。
6	都心に近くて、役所には平地林の管理を担当する部署がない。道路整備課、公園課、農業振興課等多岐にわたり、対策の合意が難しい。被害前の健全木の伐採・更新の余裕がない。	行政の従来の枠組みでできないのは何処も同じである。森林のある市町でも人工林しか扱っていない。ここは「平地」という点で有利。ナラ枯れ対策ではなく、「都市林、都市緑地の持続」という観点で取り組んでほしい。自然任せの結果ナラ枯れが起こり、大木になりすぎて困る住民も増えた。森林環境譲与税は使える。

	質問	回答
7	全市町村を対象にナラ枯防除方法の研修、情報提供などを行っている。しかし病害虫防除法に基づく事業は、予算化されても事業実施は来年6月以降となる。	「防除」という考え方は、もうやめてほしい。西日本では30年前から被害が増えたが、防除には莫大な費用が必要で、成功していない。県・市町の双方が、平地林をどう持続させるのかという現実的な検討をして欲しい。
8	カシノナガキクイムシの現地調査を行っている。葉が 一気に真っ赤になっているのを見て、枯れるスピードに大変驚いた。	突然枯れるように見えるが、樹木内部ではその前に病原菌が広がって病気は進行している。 夏に葉の蒸散が増え、土壌が乾燥して水を十分に吸えないことから、葉が一気に変色する。枯死のピークは8月で、10月終わり頃まで続くので、枯死調査は秋に実施する。冬の間に、枯死していない木を含めて伐って将来に備える（萌芽を促す）ことが重要。 その段取りを進めてほしい。
9	被害木･生存木をどうするか	枯死木を伐倒して林内に放置するとカシナガを増やす。伐倒時期は冬。被害木は玉切りだけで放置せず、割って薪にして乾燥させるか、キノコ栽培に使う。春～夏は絶対に伐倒しない。未被害木･被害生存木を伐ったら、切り口から出る匂いがカシナガを呼ぶので、伐採木の丸太は林内に放置しない。
10	その他の重点事項	
	①被害拡大後の対策について	被害収束の予測は不可能で、安易に期待できないことを理解する。被害の仕組みを知って、森林管理に向かうことが大事。
	②大径木を伐採して予防で良いか	大径木だけ選んで伐採するのはよくない。未被害木を含めた小面積皆伐でないと、萌芽更新につながりにくい。
	③樹種の転換（将来の里山整備）	次回のナラ枯れを回避するために、コナラやクヌギにこだわらず、他の樹種への転換も考える。目標をどこに置くかが重要。
	④カエンタケの注意喚起	枯死木に発生する腐朽菌であり、ナラ枯れ林で発生が多いので注意は必要である。しかし、大げさに騒がないこと。

新が進まない理由として、「落ち葉は畑作農業に不可欠であっても、幹や枝は薪炭等として利用することも販売する経路もほとんどなく、伐木しても経済性がない」こと、高齢化したクヌギ・コナラの萌芽更新による若返りが急務であることがすでに指摘されている。この報告では、2014年時点でナラ枯れ発生の危険性が警告されており、平地林の管理方針の策定には重要なデータ記載および解析が行われている。しかし、これらの的確な指摘に対して、当該地区の対応についての記録は見当たらない。地域の行政では、平地林の管理は生物多様性の保全を目標としており、「美しい雑木林」として広報されている。行政や住民はナラ枯れ増加に懸念を示しているが、このままでは歴史的にも生態的にも価値がある平地林が大きく変容するだろう。表3-3には他地域と共通する質疑応答をまとめた。

里山整備ボランティアによる管理の成功例

(1) 奈良・人と自然の会（奈良市）

大学校修了の有志が設立したボランティア団体で、奈良市内の里山の整備を20年間継続している。2010年にナラ枯れの相談に対応したところ、「里山が存続できることはやる。伐採木は捨てずに使う」という判断で、旧薪炭林の一部を伐採し、萌芽更新と薪生産を進めた。委託元の行政により伐採が制約された状況で、迅速に判断して行動できたのは、同会の活動が作業を楽しむだけではなく、森林に関する調査や研鑽を含む態勢であったことが大きい。

(2) 西原自然公園を育成する会(西東京市)

武蔵野地域のボランティア団体で、1979年開園の公園2haを、2004年から整備してきた。「伐るな」という意見が多い中、江戸時代から周期的伐採の歴史があることを重視し、半分の1haを伐採した。切り株からの萌芽が活発でないため、クヌギとコナラの苗木を植栽している。未伐採の部分では近年ナラ枯れが発生し、定期的更新の意義を現実に体験した。

第２部

里山管理再開の実際

4章　ナラ枯れの二次林を立て直す

里山の活用としては、「今すぐ植林」という前提の検討が多く、早生樹種の植栽が提案されている。しかし、今ある大量の資源を使うことから始めないと、里山荒廃、国土荒廃の問題は解決に進めない。耕作放棄地への広葉樹植栽の提案があるが、田畑に樹木を植栽すると病虫害発生が多いことは、拡大造林期の植林で経験済みである。また、近年では南方系樹種のセンダンの植栽が奨励されているが、南北に長い日本では、特定の樹種を各地に植えても適合するとは限らない。現在の里山林を伐採した後に植栽する場合には、各地域に適した樹種を知った上での選択が重要である。そのためには、地元の植生把握からである。

1．地元の植生を把握する

ナラ枯れの防除が極めて困難であるとわかった。とはいえ、全部枯れてもそのうち回復するだろうという楽観では、自然災害のリスクが上がってしまう。やはり、単なる傍観ではなく、国土保全や森林植生の維持という広い視野で、森林との付き合い方を見直していく必要がある。従来のような、対症療法の力わざの防除ではなく、被害の発生しにくい林に変えていくような、予防医学を重視した長期的な行動である。

放置里山林（広葉樹林）の管理を再開する場合、最初にすべきことは森林の樹種構成，樹齢やサイズなど、森林の現状把握である。現状が不明では管理の目標は立てられないが、データが存在する場所はほとんどない。

森林所有者は実際に所有範囲を歩いてみることが一番大事である。行政の担当者や共有林の管理責任者にとっては、全域を歩いて把握するには時間がかかるので、最初はすでにある環境省の資料を利用して概要を把握する。長らく放置していた森林には歩いて入れないところもあり、全域を歩けない場合は、この植生地図を見ることから始めても良い。

環境省の植生地図を利用した現状把握

環境省では定期的に、「自然環境保全基礎調査」という植生調査を実施している。その結果は、生物多様性センターによってウエブサイトで一般公開されており（図４‐１）、だれでも利用できる。現在は１９８０年前後（第２回、第３回調査の結果）と２０００年代以降（第６回、第７回調査の結果）の２つの時代の植生地図を利用できる。調査の内容や方法については同じウエブサイトの関連ページ（https://www.biodic.go.jp/kiso/fnd_list_h.html など）に解説されている。地域により調査年度が数年程度異なり、場合によっては２０００年代以降の地図が完成していない場所もある。

データベースの使い方

①生物多様性センターのウエブサイトから「自然環境調査Ｗｅｂ‐ＧＩＳ」の項目を選択する（図４‐１Ａ）。
②日本地図上で探したい地域を拡大して位置を決めるか、「検索」をクリックして住所を直接入力する。結果の欄に出てきた地名をクリックして、該当地域の広域図を表示させる（図４‐１Ｂ）。「当地域を含むＧＩＳデータダウンロード（５２３５０１ 神戸首部へ）」という地図名をクリックする（図４‐１Ｂ）。
③20年程度の間隔で調査された2種類の地図のダウンロード画面が示される（図４‐１Ｃ）。地

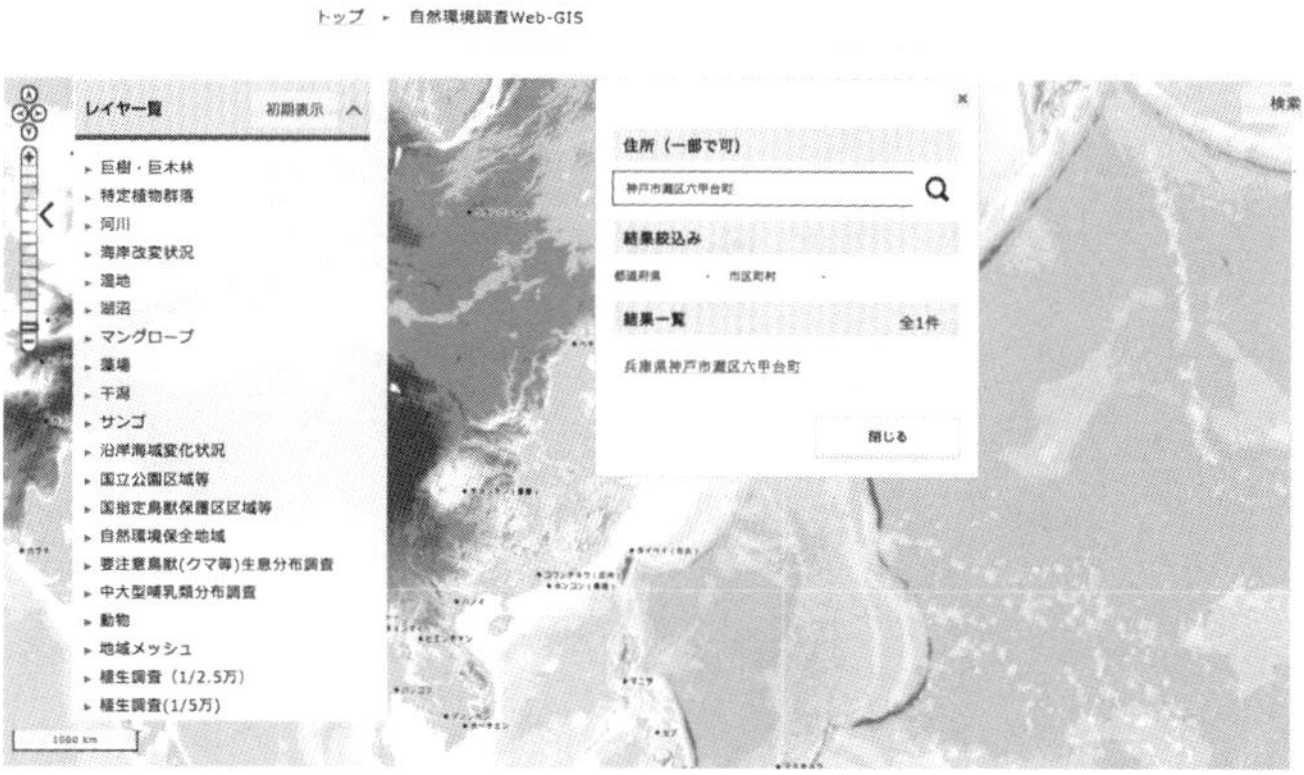

図 4-1 環境省による植生地図とその利用方法
A　自然環境調査 Web GIS の画面、地図上で指定か住所入力により検索

図はjpgまたはpdfファイルとしてダウンロードする。１／２５０００植生図は最新版、１／５００００植生図は１９８０年代の地図である。縮尺が異なるので、両者の比較をする場合には注意が必要である。

調査情報（地図）ダウンロードページ（図４-１Ｃ）の上方にはタブが４つあり、１／２５０００の地図（最新版）に関する凡例表や、調査年度等の基礎情報が掲載されている。１／５００００の地図の調査年次などの情報は、地図上に直接記載されている。樹木や植物名の一覧については、「調査ブロック別凡例一覧表（２００１Ｙ６０.xls)」としてダウンロード可能である。

自然環境調査Web-GIS
当地域を含むGISデータダウンロード
（523501 神戸首部へ）
結果一覧
0件見つかりました
六甲トンネル
東灘区
六甲ケーブル下駅
星の駅
摩耶山
鶴甲
702
岡本駅
虹駅
灘区
摂津本山駅
御影
摩耶ケーブル駅
六甲駅

B　GIS データの検索画面から地図番号の検出

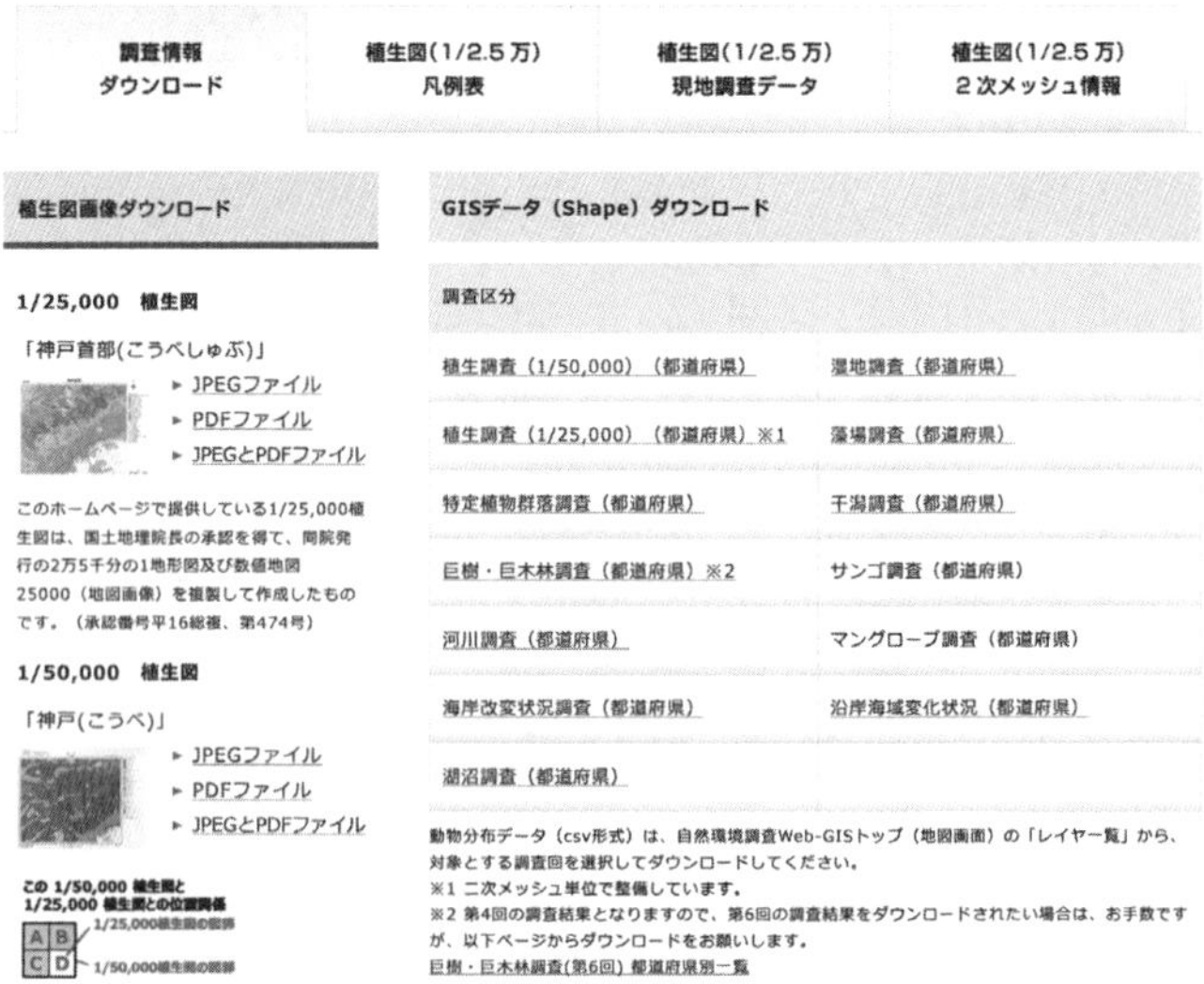
調査情報
ダウンロード
植生図(1/2.5 万)
凡例表
植生図(1/2.5 万)
現地調査データ
植生図(1/2.5 万)
2 次メッシュ情報
植生図画像ダウンロード
1/25,000　植生図
「神戸首部(こうべしゅぶ)」
JPEGファイル
PDFファイル
JPEGとPDFファイル
このホームページで提供している1/25,000植生図は、国土地理院長の承認を得て、同院発行の2万5千分の1地形図及び数値地図25000（地図画像）を複製して作成したものです。（承認番号平16総複、第474号）
1/50,000　植生図
「神戸(こうべ)」
JPEGファイル
PDFファイル
JPEGとPDFファイル
この 1/50,000 植生図と
1/25,000 植生図との位置関係
A B C D
1/25,000植生図の図郭
1/50,000植生図の図郭
GISデータ（Shape）ダウンロード
調査区分
植生調査（1/50,000）（都道府県）
湿地調査（都道府県）
植生調査（1/25,000）（都道府県）※1
藻場調査（都道府県）
特定植物群落調査（都道府県）
干潟調査（都道府県）
巨樹・巨木林調査（都道府県）※2
サンゴ調査（都道府県）
河川調査（都道府県）
マングローブ調査（都道府県）
海岸改変状況調査（都道府県）
沿岸海域変化状況（都道府県）
湖沼調査（都道府県）
動物分布データ（csv形式）は、自然環境調査Web-GISトップ（地図画面）の「レイヤ一覧」から、対象とする調査回を選択してダウンロードしてください。
※1 二次メッシュ単位で整備しています。
※2 第4回の調査結果となりますので、第6回の調査結果をダウンロードされたい場合は、お手数ですが、以下ページからダウンロードをお願いします。
巨樹・巨木林調査(第6回) 都道府県別一覧

C　植生地図ダウンロードと調査年次等の情報

図 4-1 環境省による植生地図とその利用方法

植生変化の読み取り事例

まず、最新版の1／25000の地図で、どの程度の種類が生育しているのか、どのような樹種が多いのか、樹種の分布の偏りなどの情報を得る。神戸首部の事例（図4-2、口絵15）では、調査（撮影）1999年、地図作成2001年である。六甲山の麓で、市街地の北側にはアベマキ-コナラ群集とアラカシ群落がある。六甲山の斜面上部はモチツツジ-アカマツ群集と示されているが、半世紀以上前からのマツ枯れ（マツ材線虫病）によって、アカマツの生育本数が非常に減っており、現在は植生が変化して松林とは呼びがたい状態である。その他に面的な存在としてスギ・ヒノキ・サワラ植林の記載があるが、この地域の人工林にはサワラは植栽されていない。地図からの植生読み取りでは、地図の凡例だけに頼ると間違うことがあり、森林の基礎知識が必須である。そのほかに、寺院の境内に接するカナメモチ-コジイ群落のように、昔の植生を残していると推測される場所もある。

1／50000の地図は1979年調査（1981年発行）で、これを参照すると20年間で植生がどう変化したのか知ることができる。この地図ではモチツツジ-アカマツ群落と人工林の2種類の森林タイプが大半を占めており、ナラ類、カシ類の分布はほとんど示されていない。

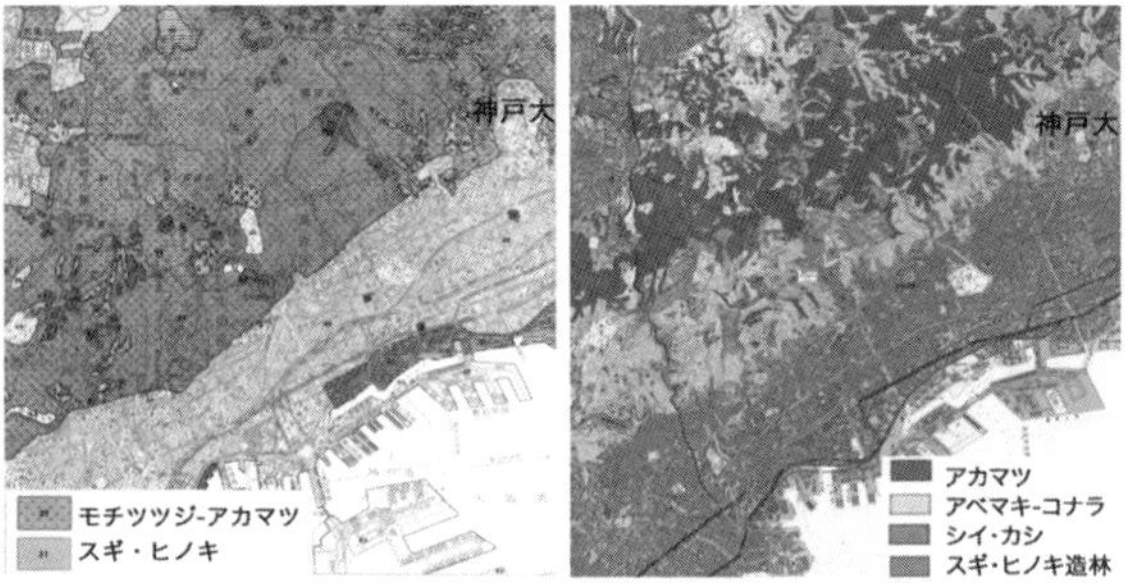

図4-2　１９７９年調査（左）と１９９９年調査（右）の森林植生の遷移（神戸大学周辺）

マツ材線虫病（マツ枯れ）によりアカマツ林が減少し、ナラ・カシ類など広葉樹が増加した。さらに近年はナラ枯れが増加している。環境省植生地図より

自然の植生変化は一般に１００～２００年程度かかるとされているが、近畿中国地方ではマツ枯れという伝染病によってアカマツ林が数十年で壊滅的に減少した。結果として、アカマツ林からナラ林への大きな植生変化が起こったことが植生地図から読み取れる。現在、ナラ枯れの発生が著しい地域は、次回の調査の際に植生の変化が明らかになると推測している。

踏査による植生調査で管理計画

植生地図には、生育する樹木の中で多数を占める樹種しか記載されていないし、樹齢やサイズは不明である。だから地図の情報だけでは管理計画は策定できない。植生地図を参照すると同時

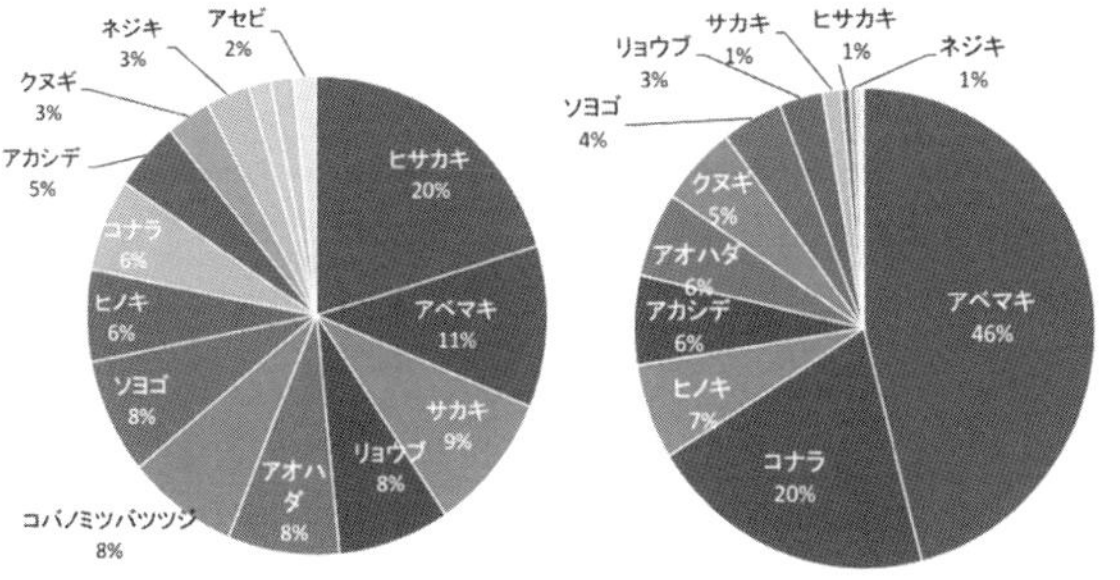

A: 個体数による構成割　　B: 幹の断面積割

図 4-3　高齢里山林の構成樹種（兵庫県篠山市矢代）
A：個体数ではヒサカキ，サカキなど常緑中低木の本数が多い
B：幹の断面積による割合では大木のアベマキとコナラが大半を占める

に、必ず現地を踏査し、自分の目で見て現在の植生を記録し、種類とそれぞれの本数、幹の断面積を明らかにする。図4-3（口絵16）は兵庫県丹波篠山市の放置里山林の現状で、樹種構成やサイズを示している。その林の将来を読み取るには、このような現在の成木の状態だけでなく、さらに林床に生育する幼木類や実生、日光を遮る照葉樹の多少などのデータを得て、今後10〜20年の生育状況を予測する必要がある。図4-3からは、アベマキ、コナラなどの落葉ナラ類が大木になっていること（本数が少ないのに幹断面積が大きい）、ヒサカキ・ソヨゴ・アセビなどの常緑亜高木（中低木）の本数が多く、林床が暗いことが読み取れる。また、ナラ類の本数が少なく、林床には後継樹（実生）がないこともわかる。さらに、コバノミツバツツ

ジはアカマツとセットで見られることが多いがアカマツは記録されていないので、この森林ではマツ枯れによってアカマツが枯死したことも推測できる。

この森林でナラ枯れが発生した場合は、落葉ナラ類の林としては存続しない。寿命の長くない常緑中低木の本数がすでに多く、ナラ類などの陽樹の実生は育たない暗い環境なので、高木種あるいは有用樹種の欠けた貧相な林になることがわかる。管理の方向性はそこから明確になる。ナラ類が枯死するのを傍観するのではなく、被害発生前に積極的に伐採し、次章で解説するように利用の促進と、次世代樹木の再生を図るのが賢明である。迅速に行動に移らない場合、森林として持続しない恐れがある。

なお、ニホンジカなど野生獣類の生息数が増えている地域では、伐採から萌芽更新に向かう際には、食害への対策が不可欠である。伐採地の周囲をネットで囲うなどの対策を行う（大住ら2014）。このコストも管理の必要経費として含めることと、伐採後の萌芽再生の成功・不成功は必ず踏査で追跡することが重要である。詳細は後述する。

2. 資源を売って循環させるという考え方

「将来に向けた管理」に転換する手順を解説する。温暖化や木の衰弱など、ナラ枯れ原因についての雑多な説に惑わされないで、林の管理再開に進んでほしい。

ナラ類を中心とする二次林を健康にするには、一度リセットして若返らせるのが効果的である。リセットとは、枯死前に伐採して萌芽更新させることである（図4-4、口絵17）。若齢林ではナラ枯れしないので、今一度伐採すると、2~3年は今後の樹種転換や育て方を検討する時間をとることができる。未被害地と被害初期地では、迅速な決断で先手を打ってほしい。一方、すでに被害が広がった場所では、枯死木倒壊による災害に気をつけつつ、諦めずに二次林再生の計画を進めてほしい。マツ枯れのあと広葉樹林に遷移しつつある場所は、数十年後にはナラ枯れが起こりやすくなるので、管理計画を今から進めるのが賢明である。伐採木の利用の難しさは分っているので、

図 4-4　伐採されたクヌギ切株の萌芽
（長野県大町市）
地際から出た萌芽は生育しやすい

5、6章で具体的に説明する。「できない」という言葉は禁物である。

利用を前提とした管理が重要

森林を「美しく見せよう」という発想の景観整備では下層植生の除去が多く、次世代の若木が育つ管理になっていない（図4-5、口絵18、図1-7、口絵6の公園型・大木温存型整備）。また、伐採木の林内放置や産業廃棄物化には、樹木は資源という意識が欠けている。行政主導や企業の協力による整備では、「CO_2吸収機能の保全」や「生物多様性の高い森」を目指されることが多いが、多種の広葉樹の植栽や景観整備ではこの目標は達成できない。効果の検証もせずに続けることに疑問を持ってほしい。そもそも、広葉樹二次林は人工林面積に匹敵する広大な面積なので、その管理の費用を税金だけでまかなうのは無理である。里山の荒廃を止めて国土を保全するには、二次林の広葉樹も「資産」であるという認識で、伐ったら使う・売るという行動が不可欠である。目指す森林の目標を定め、儲ける仕掛けを作り、管理が継続する仕組みを作る、という経営計画が必要なのである。里山を中心とする広葉樹二次林の管理の基本は、次の3つのステップである。

図 4-5　景観整備で実施される林床の下刈り（神戸市北区）
若木と芽生えが除去されるので、森林として持続しない

①次世代林の目標を明確にして木を伐る
②伐採した資源を使う（売る）
③森林を再生させて子孫に渡す

２０００年頃からこの３ステップを提唱してきたが、ナラ枯れが拡大しているので、①は、「まず、急いで伐る」で構わない。民有林では、資源が収入にならないと管理の動機は高まらないので、安価な薪やチップに一括売却ではなく、木材としての利用や、付加価値のある高価な炭（菊炭や備長炭）生産など、経済的メリットが高い方策を見つけることと、一度きりの伐採で放置しないような仕組みが必要になる。目標を薪炭

林にする必要はない。むしろそれでは将来またナラ枯れが発生する。場所による適不適はあるが、広葉樹材の生産林にするという選択肢を入れたい。また、里山ツアーのようなグリーンツーリズムも収入源として有望である。里山林が経済的価値のある場所になれば、「地域で森をいつも見ている」ことになり、それが国土保全や防災につながる。ところが、現在の里山整備では、この3ステップを意識している例が少ない。里山林の主たる所有者である農家と農村集落は、計画段階から行政との連携が必要である。また、ボランティア任せの整備ではなく、目的に沿った作業のサポートなど位置付けをきちんと行ってほしい。資源循環型社会への転換は可能と考えている。

イメージ先行の計画や生物多様性礼賛をやめる

「希望の森」「集いの森」のような曖昧な名称で森林管理を「装飾する」傾向が地方自治体等の計画書には多数見られる。一般市民向けの親しみやすさを優先すると、森林の管理目標を誤解される元になる。現実的で具体的な管理目標を立てて、それを市民に説明するという姿勢が大事である。すでに述べたように、景観を美しくするという目標だけでは、森林の持続性は確保できないので、少なくとも子供、孫の世代に、どのような状態（生態）の森を渡すのか、資産として管理するにはどうすべきか、長期の目標を定めることから始める必要がある。

国の省庁の施策は、日本全国にほぼ当てはまるような文言になっている。しかし南北に3000㎞もある日本列島では、全地域の森を「1つの処方箋」（指導方針）で管理するのは所詮無理である。政府系ウエブサイトのイラストをそのまま地方行政の計画書に書き写すのではなく、「地域の森林の特徴や生産性」については、自身で把握する。県や市町の管理計画では、林地の地図に斜度のデータを重ねて、斜度の程度で利用形態（人工林経営か混交林化を経た放置か、保安林指定かなど）を決める例が増えているが、森林経営の可否は斜度や地質図という単純な因子では決定できない。実際の踏査を踏まえて判断すべきである。

近年目立つ推奨事項で、非現実的な目標と指摘したいのは、「針広混交林化」（針葉樹と広葉樹の混交）である。この森林タイプには日本の林業上（木材生産）のメリットはない。森林を資源として認識しているなら、混交林化という目標は妥当ではない。広葉樹がある方が環境に良いという短絡的発想か、資源生産を止めて放置する計画の場合であろう。針広混交林化問題については以下のことを理解してほしい。

①針広混交林化すると生物多様性が高くなるという事実はない。それが森林環境の保全に良い

という事実はない。人工林でも里山の広葉樹林でも、目標に向かって正しく管理されているならば、生物多様性の低下に関する不安は発生しない。
②針広混交林を「自然に近い林」と理解するのは誤りである。混交林化したらそのまま放置できるという選択はない。放置しても天然林に近づくことはない。この目標では、混交した広葉樹を資源として利用するという考えがない点も、問題である。
③高齢の針葉樹人工林では、針葉樹の生育密度が低くなって広葉樹が混交することはあるが、それは林床が明るくなって広葉樹が増加するという生態的なバランスとしての結果である。人為的に混交林を作るのは困難であり、無理に混交林化することに価値は認められない。
④針葉樹人工林では材質の良い構造材を得るためにスギやヒノキなどの単一樹種で管理する。均質な材が得られるだけでなく、伐採搬出の効率が良いので余計なコストがかからない。広葉樹を人工的に混ぜることに、林業上のメリットはない。
⑤広葉樹林は人工林より優れているという順位付けはできない。広葉樹林は放置可能とか災害に強いという事実はない。放置里山の荒廃を認識していないことに危機感を持つ必要がある。

一足飛びに恒続林にできない事情

ドイツやスイスの広葉樹林業では長期の計画で、恒続林として維持管理するのが望ましいとされている。日本で広葉樹林を管理する場合にも、この考え方が大事であると説明される。確かに、持続させるための管理は重要であり、将来的に広葉樹資源が循環するように生育させたい。

しかしながら、現在の里山の旧薪炭林はほとんどが同一樹齢であることと、ナラ枯れの増加・拡大のため、一足飛びに択伐林には移行させられない。日本の伝統的な薪炭林管理では15～30年周期で小面積皆伐され、萌芽更新させるのが通例であった。つまり1950年代の燃料革命以降に放置された旧薪炭林の樹齢は70年生程度＋－20年程度である。地方により違いはあるが、集落の共有林単位で見ると樹種と樹齢構成は単純である。一方、欧州の恒続林はかなり広大な面積で、高樹齢まで育てて良質材を得る一部の樹木（散在する）と、そのほかの中短期で伐採して用材以外の用途になる木で構成される林で、それらを循環的に育成して利用する。現在の日本の里山にこの考え方を適用して、大径木の一部を抜き伐り（択伐）すると、多数の高齢樹が残されて、ナラ枯れ被害は続いてしまう。恒続林への移行を検討するのは、まず放置里山の若返りを迅速に進めてからである。旧薪炭を伐採した後に、当該林の樹種構成を見直して、広葉樹林業に適した樹種に転換するのが望ましい。なお、恒続林とはすべての高木を大径木に育てるのではない。

萌芽更新による若返りの手順と伐採のゾーニング

資源利用を前提とした管理のための3ステップのうち、まずステップ①の伐採手順から説明する。ナラ類を含めて広葉樹の多くは、伐採すると切株から芽が出て育つので（図4-4、口絵17）、薪炭林では植林せずに、主に萌芽更新で再生させてきた。萌芽や新たな芽生えの成長を促すには、ある程度の面積を皆伐して明るくする必要があり、人工林のような間伐は行わない。落葉広葉樹の多数は生育に陽光が必要なこと（陽樹）を理解してほしい。少数の抜き切り程度では、隣接する広葉樹の枝葉が旺盛に茂り、数年で林床はまた暗くなる（図4-6、口絵19）。この状態では陰樹である常緑広葉樹の生育が活発となり、ナラ枯れなどで高木の一部が枯れると、常緑広葉樹ばかりの暗い林になっていく。

伐採面積としては、昔の薪炭林伐採のように1反（0.1ha＝30×30m）程度を目安にして、陽の当たる広場（ギャップ）を作ることが大事である。実際には0・03ha程度の面積でも、地表が明るくなれば萌芽再生や実生の発生はある程度可能である。ただし、場所により日当たりの環境は異なるので、広さは各林地で調整する必要がある。ナラ枯れが進みそうな場所は、思い切って広い面積を一度に伐採するのが望ましい。

森林に人手をかけるなら、「将来、どのような森にするのか」という目標が絶対に必要で、それは人工林の場合と同じである。しかし、公園型の整備では「生物多様性の保全」は実現しないのであり、イメージのみで目標を決めても失敗する。また、補助金等で伐採したあと、固定資産税がかからないと言う理由で「保安林指定」にすると、今後も放置となってしまう。このような「逃げ」を続けないでほしい。

里山管理の話題では、「広すぎて管理できない」と言われることが多いが、全部を一度にやる必要は全くない。実施しやすい場所、資源を搬出しやすい場所、つまり管理再開の効果が出やすい場所から小面積で始めるのが良い。計画段階では、まずゾーニング（図4-7、口絵20）を行う。田畑を日陰にする樹林は最初に伐採する（図1-8、口絵7）。昔は「陰伐り」といって、田畑のそばには樹木を生やさなかったのであり、ここは伐採後も萌芽再生をさせない。数年ほど萌芽を切除する（折り取る）と切株は枯れる。その後は、実生で新たに木が育たないように管理する。民家や道路への倒木を防ぐためにも、集落に近接する樹林から管理を再開するのが良い。その次は民家の背後からやや上方に広がる旧薪炭林である。萌芽更新で成長したコナラ、

放置林で、密生した広葉樹の一部を抜き伐り（間伐）すると、林床は明るくなる
しかし高木の枝がすぐに横に広がり、林内は暗くなる。林床には常緑の陰樹の苗が育つ
大木が枯れると、林床の常緑樹が大きく成長し、常緑の暗い森になる

図 4-6　広葉樹林はなぜ間伐しないのか

アベマキ、クヌギなどの落葉ナラ類は株立ちが多い（図1-7、口絵6）。直径30cmを超える幹の重量は1〜数トンにもなるので、今後さらに大木にすると、1本の伐採費用がかさむことになる。やがて伐採自体が不可能になるので、伐採の緊急性は高い。旧薪炭林の周囲には人工林もあるので、人工林の補助金利用の計画と併せて林道整備を行うなど、広葉樹の管理も同時に実現する方法がある。斜面

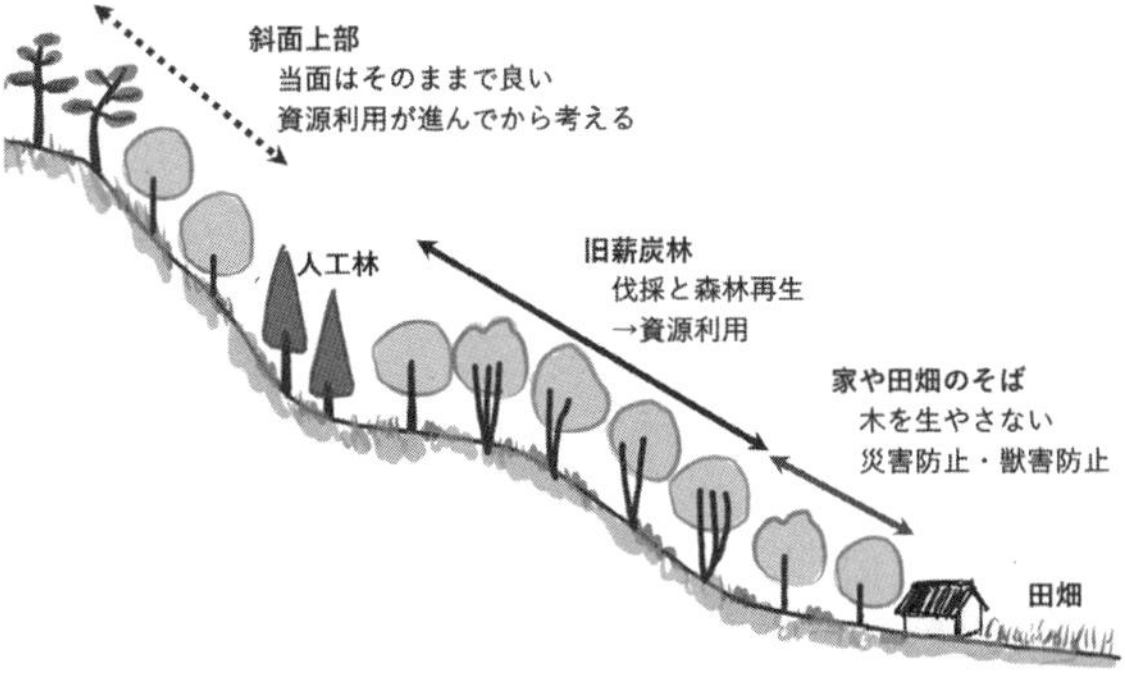

図 4-7　管理再開のためのゾーニング

上部や尾根のマツ林については、民家に倒木等の影響を及ぼさないのであれば、再生計画を先延ばしにする。ともかく、実施しやすい場所、危険回避すべき場所を優先して、管理を再開してほしい。

里山二次林の広葉樹は木材として使える

ステップ②の「使う・売る」については、薪生産で満足している例が大半である。しかし、里山にはナラ類やカエデ、サクラ類など、木材として使える木が成長し、蓄積量が増えている。里山から木材を出す取り組みはまだ少なく、大半はパルプ用チップや燃料となり、丸太価格が1万円／㎥以下である。これでは森林所有者にとって魅力のある収入にはならない。輸入木材は10～20万円／㎥（板材）なので、それに近い価格で収入源にしたいものである。

里山の広葉樹は質が悪いから木材として使えないと言われるが、輸入が増える前は適材適所という判断で、多様な樹種を、その硬さや緻密さなどの性質に合わせた用途で利用してきた。「里山材は質が悪い」という指摘の背景にあるのは、輸入木材よりも樹種数が多くて材質が多様なために、癖を知っていないと割れや曲りが発生する、ということである。つまり、質が悪いのではなくて、加工技術の問題があるといえる。

近年の里山林整備では、上質のサクラ類やケヤキが薪にされており、非常にもったいない。薪生産は最も簡単であるが、燃料販売が伐採費用に見合うのは、備長炭のような高価値の生産品の場合である。直径20cm程度以上の幹は、木材として使えることが多く、また、大径木が不要な木工品にはソヨゴやリョウブなど緻密な材を持つ小径材も利用できると認識してほしい。さらには、太い幹以外の部分も捨てないで利用する。曲がり材や太枝を薪・チップにと順々に使っていく「カスケード利用」の方法については、5章2と6章1で具体的に説明する。

従来の広葉樹材の国内流通では、パルプ用に集積された丸太の中から、良材の抜き取りと転売があった。「だから、もったいないことはしていない」と言う人まで居る。しかしこれでは山林所有者の収入にならず、窃盗や詐取といえる悪習である。また、奥山から大径木を抜き切りして出材する広葉樹流通は「収奪林業」であり、将来の資源の持続を考えない無責任な利用である。近年、北海道では大径材の出荷が減っていると指摘され、良質な資源の枯渇が心配されている。このような現状から、里山二次林から広葉樹の木材供給を推進し、将来は広葉樹生産林への転換も計画すると、収奪林業の歯止めの効果も期待できる。

適地適木の観点で森林の再生と管理計画

ステップ③の「森林再生」では、伐採後の萌芽更新の確認、将来の資源として有望な樹種の選定と植栽・育林、定期的な管理（獣害対策、生育の確認、補植）などの作業がある。広葉樹主体の二次林は、人工林のように単一樹種で構成されていないので、伐採する前に、その林分の構成樹種やサイズ、通直性などを必ず調査し（毎木調査とほぼ同じ）、資源としての質と量を把握しておく。その結果から伐採後の変化、つまり植生遷移の方向を先読みする。この現状把握と将来予測をしないままでは、誘導したい森林タイプの決定や、管理目標作りは不可能である。その地域毎の資源利用の歴史や昔の伐採周期などの情報は、樹種転換の計画には不可欠なので、情報がない場合は、高齢の方からの聞き取り調査を急いでほしい。

高齢二次林（旧薪炭林）のリセット伐採の後、きのこのほだ木生産のように若齢林の管理という方法はある。しかし薪炭林的な周期的伐採と低林管理をしない（できない）のであれば、ナラ枯れに感染しない樹種の多い林に転換した方が良い。森林公園でも、薪炭林の植生のままではなく、森林が持続できる環境を目指して管理方針の変更が必要である。なお、ニホンジカなどの野生獣類の食害がある場所では、伐採後の防護ネットの設置まで含めて計画する（森林総合研究所関西支所２０１４）。さらに行政サイドでは、「田畑のみを獣害から守る」のではなく、森林を含めた生態系のバランスを保つという観点で、動物の密度管理という施策を一層重点的に進めてほしい。

ナラ類以外の樹種を増やした森林に誘導する場合、前述の環境省の植生地図（生物多様性センター、図4-2、図4-3）で、その地域の森林のタイプと構成樹種を確認することから始めてほしい。さらに、自分自身で現在の植生を見ることが大事である。その手間をかけると、高木種でその地に適した樹種を見つけることができる。一部の地域では江戸時代の絵図類があり（図2-2）、当時の森林が忠実に描かれているので、植生の変遷を見るのに参考になる。

なお、二次林管理にからむ懸念事項として、「早生樹種の植林」という事業の流行が挙げられる。早生樹として特定の一樹種のみ推奨されるような例があるが、たとえばセンダンは暖地の樹種であり適地は限定される。繁茂した二次林の伐採と資源利用のステップを飛ばして、肥大成長が速い特定種を植林するという行動は、将来予測が欠落している。植えることしか考えずに場所を探したり、病虫害の起きやすい田畑（耕作放棄地）への植栽や、広葉樹がまともに育たない荒廃地に植栽などの問題が見られる。

5章　伐って売って再生という3ステップの実際

1．木材としての日本産広葉樹の価値を知る

日本産広葉樹の木材としての価値を知れば、里山の管理再開への動機になると考えている。しかし、課題は、その木材資源が流通しないという現実である。管理を続けるためには、前述の3ステップ、①現在育ちすぎた広葉樹林を伐る、②伐った樹木は必ず売って使う、③伐採した後は萌芽更新などで再生させて次世代に渡す、という行動が不可欠になる。現在のように補助金で伐った里山の木を放置では資源循環にならない。本項では資源として流通しない背景と3ステップの具体的な進め方を解説する。

管理という行動に移すために

近年、「里山管理の必要性」に賛同されることが増えて喜ばしいことと思う。しかし、管理再開への気持ちはあっても個人では実行できないと指摘されてきた。また、ボランティアとして活動してきたが木材利用ができないという悩みも聞いているので、このような難しい部分の乗り越え方を中心に説明する。課題には行政の後押しが重要なことが多い。特に現場に一番近い地方行政には施策の転換を期待している。景観整備やナラ枯れ防除のような「現状を保つ」ことに留まっていると、資源利用と再生という将来につながることに公的資金が投入できない。また、資源利用では木材流通の改革が必須であり（図5-1、図5-2、口絵21、口絵22）、「広葉樹活用プロジェクト」（黒田２０２２）の取り組みも紹介する。

さて、里山を中心とする広葉樹二次林の所有形態は様々であると、すでに述べた。農村周辺では集落の共有林と農家単独の所有であるが、共有部分は集落単位で財産区とする例や、区画を複数世帯（多い場合は20世帯など）で登記する例などがある。最近では共有林の立木を一括でパルプ用に売却する集落もでてきており、将来が心配である。

一方、数haから１００ha以上を所有する森林経営者の場合、人工林だけでなく広葉樹林も所有されているが、広葉樹林は天然林の扱いで、林業として施業されていないことが多い。そこでは利用の進め方が分らないと言われる例や、東北以北などパルプチップ用の伐採が活発な例

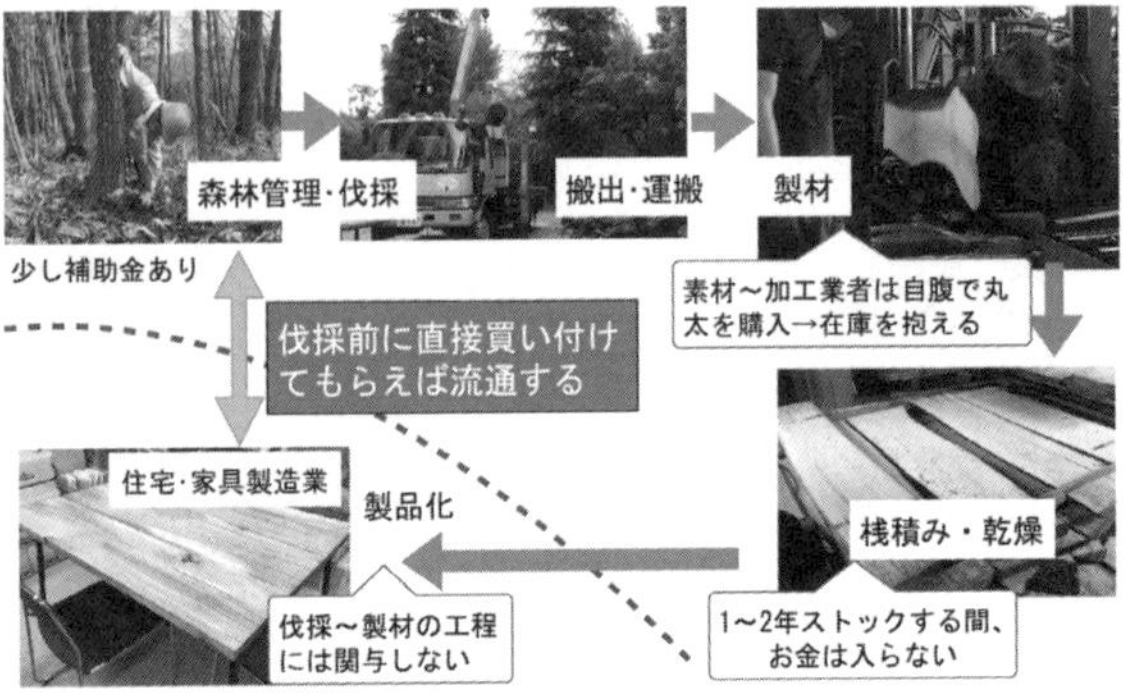
森林管理・伐採
搬出・運搬
製材
少し補助金あり
素材～加工業者は自腹で丸太を購入→在庫を抱える
伐採前に直接買い付けてもらえば流通する
住宅・家具製造業
製品化
桟積み・乾燥
伐採～製材の工程には関与しない
1～2年ストックする間、お金は入らない

図 5-1　流通の課題：お金とモノの流れ
伐採から木材販売までの工程が多く、乾燥に要する期間が長いため、製材業の経済的負担が大きい。立木の段階で購入者（企業）が決まれば、国産広葉樹材は流通する。

がある。行政は地域特性を把握し、民間の森林総合監理士などコーディネート力のある専門職（職名は様々）とともに、人工林だけではなくて広葉樹林の管理についても検討してほしい。

里山広葉樹が流通しない事情

里山広葉樹材の活用が進まない理由には、以下の事情もある。山林に近い製材所の大半は針葉樹のみを扱ってきており、里山は燃料の山だったので、広葉樹の製材・乾燥技術を持っていないことが多い。スギ・ヒノキに比べて広葉樹は製材後に歪みや割れが起こりやすく、樹種特性を把握していないと製材と乾燥で失敗する。木材として売るには、この技術的課題を解決する必要がある。また、伐採から販売までに多くの工程がある（図5-1、口絵21）。製材後の乾燥期間が長いことと乾燥場所の確保が困難なことも、製材業への負担を増やしており、流通の阻害要因である。半世紀以上放置された里山林の管理再開には、所有者の意欲向上が必須であるが、流通のためには、搬出や加工など関連産業の維持や支援（仕組み）が必要となる。ここには、公的なサポートがほしい。

国産広葉樹材の流通を阻む理由には、銘木を重視してきた業界の価値観の問題もある。銘木とは工芸的価値のある高級な木材、つまり特殊な木目である「杢《もく》」のある材や、ケヤキや黒柿など特徴のある材、秋田杉など地名を含むブランド材などである。マグロのトロに相当する「高価な材」のみ大事にされる。その一方で、私達の西洋化した生活では、数百万円もする銘木の座敷机を使う場面はほぼ消滅し、洋家具ではブランドやデザイン性が重視される。伐採現場では銘木の需要が減っている現状について認識が薄く、銘木や大径材でないと売れないという思い込みが、広葉樹の用途をパルプに向けてしまい、木材としての流通を阻害している。

広葉樹二次林では、人工林のような樹齢や材質などの情報がほとんど存在しない。特に元薪炭林のナラ類主体の林は燃料という意識が強いため、ケヤキやサクラなどよく知られた樹木以外の樹種名やその太さを把握している所有者は皆無であろう。針葉樹林管理の支障木となった

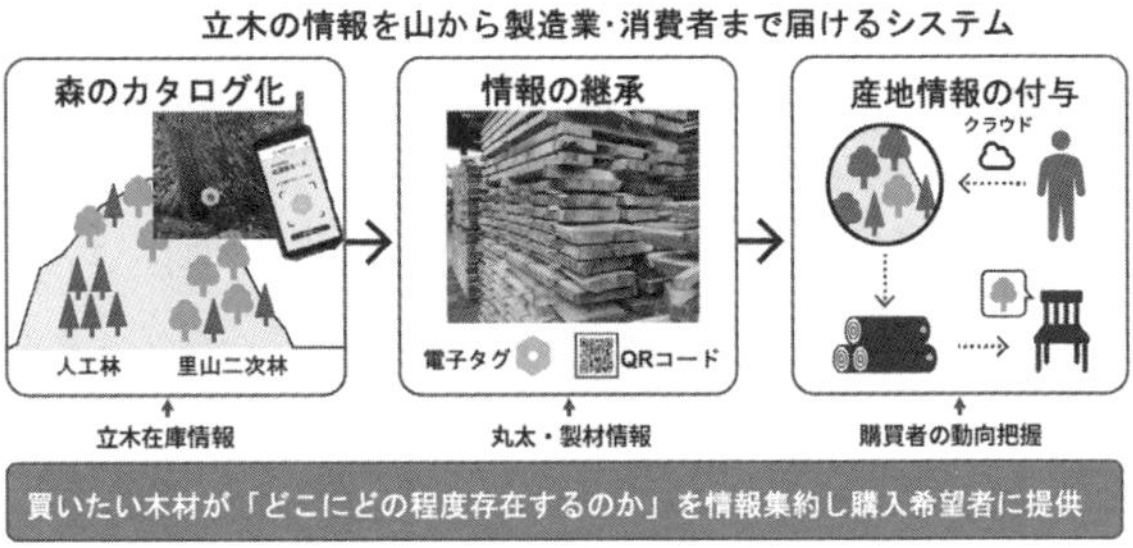

図5-2　伐採前の森のカタログ化と情報の受け渡し

広葉樹大木を伐採して原木市場に出した場合、大規模な市でない場合は、広葉樹材を買いたい人の目にとまる可能性は低い。少量の出材では、妥当な価格で買い取られないことが多いといわれる。

以上のように流通の阻害要因は明らかである。里山の広葉樹を流通させて資源の活用を広げる仕組みは図5-2（口絵22）のように新たに作れることが分った。たとえば立木の段階で買い手を見つけるなら、所有者の収入につなげられる可能性がある。ここから、二次林資源の価値や流通に話題を広げていきたい。

2. 伐採前に資源を把握して伐る前に売る

売りたい商品があるなら、その価値を広告として出すことが大事である。人工林に関しては、植栽年次や樹種の情報があり、原木市場ではサイズや材質がわかる。しかし、里山の広葉樹に関しては、林内にどのような材質の樹木がどれ程あるのかという情報が存在しない。だから、まとめて伐採されて安価なパルプチップになりやすい。パルプ用材の山から質の良い木を抜き取って売るという、所有者をだますような搾取が容認されているのは奇妙な慣習である。妥当な価格で売るには、まず在庫情報が必要である。

放置里山の管理開始

放置林の管理の第一歩は、所有者が森に入ることである。人がきのこや山菜を採るために山に入らなくなったことや、隣村への峠越えなどの生活上の通行がなくなったため、山道は急速に消えつつある。竹林の猛烈な繁茂により人工林の壊滅が増えた。広葉樹の大木化と下層の低木種（下生え）の繁茂が進んで、林内を自由に歩けない状態であることはすでに実感されていると思う。また、畑と山林との間に獣類の防護柵が設置されるので、人は心理的に森林と疎遠になり、だれも見に行かない林内では、野生獣類の食害が一層進む。

竹林が繁茂する場所では、竹林伐採からの管理再開を勧めている。手鋸で伐採しやすく、竹チッパーを持っている集落も多い。数時間程度の作業で所有林内に入る道を復活させられる。見通しが良くなって獣害が減少し、農業へのメリットもある。問題は、1回きりの伐採では翌年に竹林が回復してしまうことである。数年程度、毎春タケノコを根元で折り取ってやると再生の勢いが弱まるので、退治に薬剤を使う必要はない。管理作業を年に1回、数回続けてほしい。つまり、竹林管理は「定期的に所有地を見回る」ことにつながるので重要なのである。公的援助は、竹林よりも旧薪炭林の大木伐採に重点的に投入したい。

なお、腰の高さでの伐採がボランティア団体を中心に流行っているが、木も竹も、幹は必ず地際で伐るべきである。高さ1mの幹や竹が林立していては、その後の林内作業が危険になる。後に続く作業を考慮して作業を進めてほしい。広葉樹の萌芽更新の手法で高伐りする地域はあるが、特殊な例である。

広葉樹の伐採

いよいよ広葉樹の伐採に進む。行政からの委託や景観整備を目標とするボランティア団体では、散策道の整備や見晴らしを得るための数本程度の伐採に留まる例が多い。民有林では年に数本伐採して自家消費の薪にされることも多い。しかし地表面は、その程度の伐採では萌芽や実生に必要な明るさにならない（図4-6、口絵19）。

伐採木は現地で適当に選ぶのではなく、事前に樹木資源調査を行って、伐採後の樹木再生の動向を予測して計画を作る。樹木を搬出しやすい山裾から、一定面積をまとめて伐採する必要がある。その計画立案と実施責任者は誰が担当するのだろうか。まずそこから決める必要がある。

広葉樹は同サイズの針葉樹よりはるかに重い。枝の方向や太さが不規則で、伐採で倒したい方向に倒れないことが多い。直径20㎝以上の高木の伐採は危険で、スギ・ヒノキの伐採経験があっても、広葉樹伐採の熟練者以外は伐採に携わるべきではない。当然ながら「有償の伐採発注」である。ナラ枯れ発生地とその周辺では、特に迅速に管理伐採に移る必要があり、今後はボランティア等の団体に管理委託で完了ではなく、伐採を補助事業の中心に据えた予算設定へと、施策を変更してほしい。

地方行政や管理団体には、これまで長年にわたって「健全木を含めて伐採する」管理を指導してきた。しかし受託側（ボランティア団体等）は「技術がないので伐れない」あるいは「市役所から木は伐るなといわれている」などの返答で、迅速に動けない地域が大半であった。一方行政は、「防除には税金を使えるが、健全木は伐れない」「伐った木の使い道がない」という返答や、県内全域の被害調査に予算投入など、成果を出す方向に進めていないことが多い。建設的な議論と柔軟な判断が必要な場面である。伐倒駆除だけではナラ枯れ被害が減らせないのだから、森林が健康に持続する方向へと計画を変更して行動に移す必要がある。その変更が何年もできずに先送りになる傾向は各地に見られるが、ナラ枯れだけでなく里山の荒廃は年々進行しており、大木化による危険と伐採コストは年々上昇する。所有者も地域行政も、「わがこと」としての取り組みがほしい。その検討を急ぎ、冬から有効な作業へと動いてほしい。

市町村では、森林環境譲与税を利用して民有の竹林や里山の伐採を実施できることになった。神戸市北区では田畑を陰にする林縁（民有林）を伐採し、木材や薪としての販売が実現した。里山のコナラやヤシャブシは上質の家具になった（図5-3、口絵23）。集落の共有林では伐採の合意が得にくい場合があるので、行政はゾーニングの考え方（図4-7、口絵20）に従って、個人所有林へのサポートから始めてもよい。神戸市の場合は、集落の各世帯を熟知した人が、伐採場所の選定の仲立ちをして、生存木の伐採に成功した。放置林であっても、所有者が公的援助による伐採を了解されない例は多く、不信感を和らげるために、最初は地域の中で成功事例を作ることが大事になる。

図 5-3　里山林の伐採前（A）と伐採後（B）
および家具の製作例（C）
（神戸市北区淡河町、家具：SHAREWOODS 提供）

補助金（森林環境譲与税など）の利用については、まだ手法が定まっていないので、誤解もある。たとえば、「補助金による伐採木は販売して儲けてはいけない」という不思議な判断があり、伐採木を林内に放置という本末転倒が起こる。あるいは、「伐採費用が高額で、売った木材はその金額の数％である。伐採コストに見合わないことを補助金でやるのか」という異議も出る。しかし、将来のための最善策を探すことが大事で、管理を持続するための「呼び水」としての補助金利用について理解してほしい。

古くてアナログな木材流通の問題

広葉樹林を伐採して木材市場に出しても、通直な大径木や杢の出る銘木以外は売れ残るか値下げとなり、薪として買われることが多い。だから所有者は伐りたくないという。里山の広葉樹材が妥当な価格で流通しない理由は前述のようにいくつもあり、製材~加工過程の流通阻害要因として、材質が悪いという誤解や製材業の衰退、銘木偏重を挙げた。この状況で「里山の木を使いましょう」と提唱しても、薪以外は無理という現実があった。

しかし、里山（広葉樹二次林）をお金にして資源循環させない限りは、その荒廃は止められない。山林所有者、製材所、木材コーディネータ、住宅や家具製造会社などと率直な意見交換を続けてきて、最大の問題は「流通の仕組み」にあることに気づいた（図5-1、口絵21）。売買はアナログ・手書きの世界で、山林所有者と木材の大口購入者（家具・住宅企業など）の間は完全に断絶である。

輸入材の高騰や将来の供給不安から、国産広葉樹材の購入を考える企業は確実に増加しているが、次の2つの問題がある。

①使える広葉樹がどこにどの程度存在するのかという、資源の量と質の情報を森林所有者自身が持っていない。だから家具等の製造業者は必要な木材を調達できない。

②家具や床材に使える広葉樹種と太さについて、森林所有者や伐採担当側が「売れ筋」を知らない。家具製造では大径木を求めていないのに、大木と銘木重視の意識が続いている。購入側にも、輸入材のような「大量供給と均質性」を求めすぎるという課題はあるが、まず、使える資源の情報がないと、フェアな売買は成り立たない。最近では、地方行政に企業から木材供給の打診があるが、在庫情報自体がないのでは販売には進めない。昔から地場産業として家具製造が盛んな地域を除いて、輸入材に慣れた企業への木材供給は困難である。製材所で樹種名を付けて販売され、「あるものを買う」という流通は変える必要がある。

立木情報を提供する新たな流通システム

そこで「商品情報がない」という問題の解決と、伐採から加工・乾燥までの多くの工程をスムーズに流すために、里山二次林用の流通システム「MORI TAGシステム」を新たに作った（黒田ら2022）。山側が立木の情報を出して、伐採前に買い手を見つけるという方法をとる（図5-2、口絵22）。樹種や太さを調査して記録する。それをまとめてカタログ化し、立木段階で在庫情報を出して買い手を探す。今はその試行を各地で進めており、従来から国産広葉

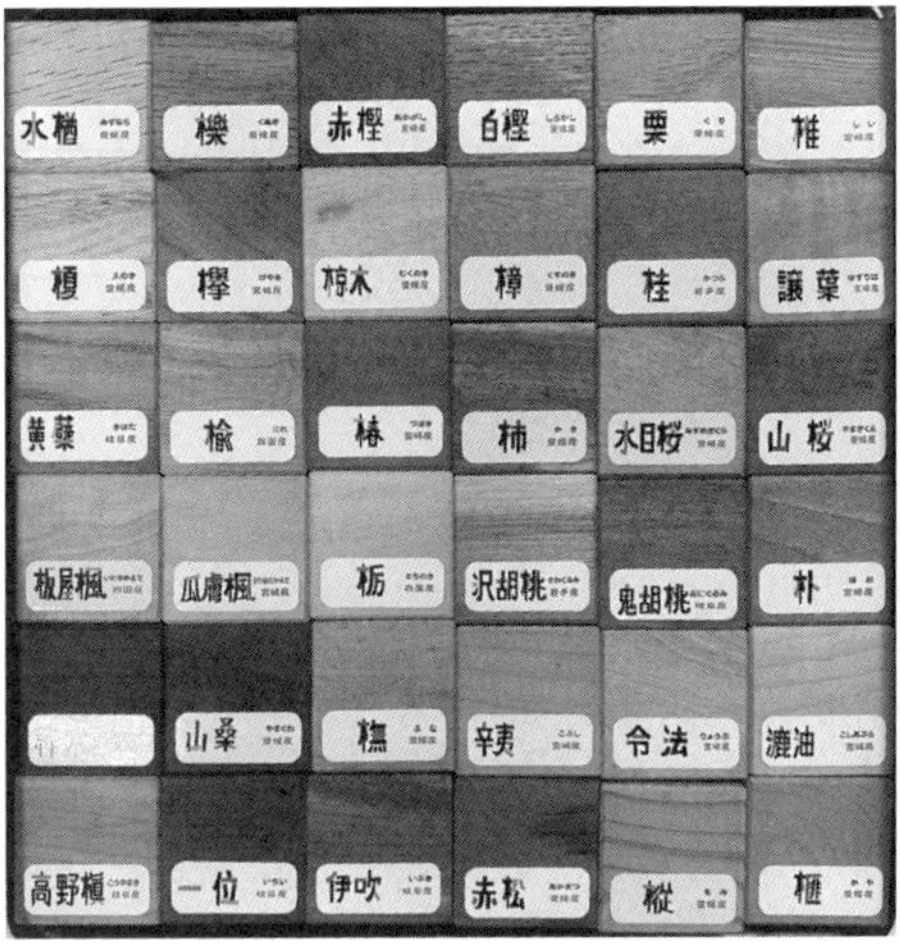

図 5-4　里山二次林の多様な広葉樹材
大五木材の「森のかけら」より

樹を家具材として利用してきた企業などは、伐採前のデータを見て現地で確認し、購入へと進んでいる（183頁、表7-2、表7-3参照）。その事例から、デジタルデータとして提供する立木カタログの利用は、今後増えていくと推測できる。

　現在開発した方法では電子タグ（NFCタイプ、Andeco株式会社）を利用する（図7-6参照）。伐採したい林で樹幹基部にタグを付け、スマートフォンから直径等のデータを入力する（黒田2022、動画資料参照）。購入したい企業等がその情報を検索し、伐採前に量や質を検討し、場合により事前視察をして、直接購入する。これは森林情報の提供の一例であるが、情報のデジタル管理は今後ますます容易かつ安価になっていくので、広域で活用を進めたい。樹木の産地情報は木材のトレーサビリティにつながり、木製品の輸出には今後必須の情報となる。このＭＯＲＩ ＴＡＧシステムは今後の資源利用を革新する手法として評価され、２０２２年度Good Design賞を受賞した（Good Design ２０２２）。

表 5-1　里山の高木種と輸入材

	日本の樹種名	輸入樹種名
環孔材	コナラ、ミズナラ アベマキ、クヌギ （落葉ナラ類） クリ アキニレ、ハルニレ シオジ、ヤチダモ オニグルミ ケヤキ センダン セン（ハリギリ）	Oak Chestnut Elm Ash Black walnut
放射孔材 半環孔材	アカガシ （常緑カシ類） コジイ、スダジイ	
散孔材	サクラ類 カエデ類 カバノキ類 ブナ ホオ トチ カツラ シナノキ	Black cherry Maple Alder Beech
特徴的な樹種	キハダ （内樹皮：生薬採取） ウルシ （分泌液：漆塗り）	

樹木のデジタルカタログの作成は難しい作業ではない。冷温帯の北海道から亜熱帯の沖縄まで、低地から高地まで、日本に分布する樹木には地域差が大きい。有用樹種は（表5-1、図5-4、口絵24）輸入材よりはるかに種類が多いが、地域ごとに見ると主要樹種はそれ

図 5-5　カスケード利用が必要な曲がり材と小径材

ほど多くない。高木種のみ10～20種を葉の形態や樹皮などで識別できれば、所有林の在庫カタログは作成できる。大学の森林学研究者の協力を求め、毎木調査と言われる樹種と直径の記録に加えて、木材に利用できる通直部の長さ、コブや穴などの欠点部の写真など、基本情報を記録するので十分で、樹高の記録は不要である。なお、木材業界では、樹木名とは異なる名称を使うことが結構あり、サクラの仲間ではないミズメやカバ類をミズメザクラやカバザクラと呼ぶような例である。慣習上の問題として気をつけるべき点である。

樹木の種類と資源のカスケード利用

広葉樹は、少しの曲がり材も木材用に搬出されな

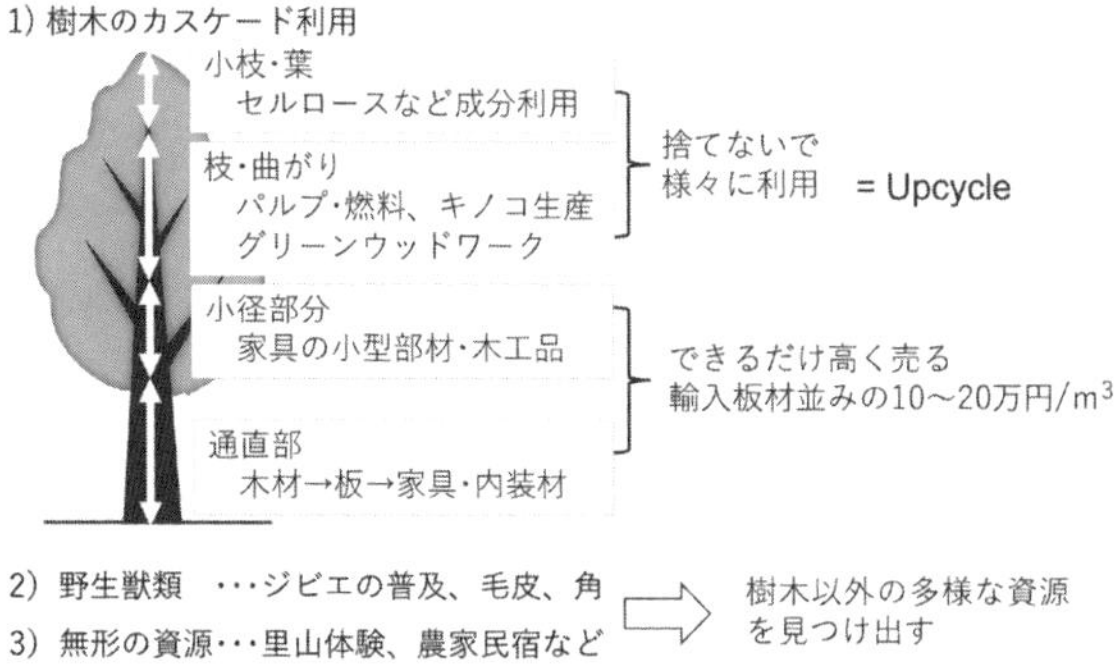

図 5-6　カスケード利用と合わせ技で儲ける

い傾向がある。価値の過小評価には注意し、今後の企業とのマッチングでは利用部分を増やしていく必要がある。また、木材に利用するのは幹のごく一部であり、伐採木の半分程度は、用途をみつけないと林地残材となってしまう（図５-５、口絵25）。直径20㎝以下の部分や枝は放置せずに販売し、所有者の収入を増やしたい。そこで、「樹木のカスケード利用」という見方が必要になる（図５-６、口絵26）。太さや部位に応じて、木材、薪やきのこ栽培、パルプチップ用など、順次適した用途に、無駄なく売るという意味である。最近では、化学製品を生産する株式会社ダイセルは、輸入パルプではなく、残材の利用を検討している。破棄される部分の有効利用なので「アップサイクル」（リサイクルではなく、もっと価値の高い物に作り替えること）であると評価される。

ナラ枯れはすでに本州と四国の広域で発生しており、枯死木が少ない地域でも、カシナガの穿入木が増えてきた。製材すると直径1㎜ほどのピンホールになる。ただし、コナラやミズナラ、クヌギなどのナラ類では、孔道は辺材にしか形成されず、心材には穴は空かないので、心材は家具や木工に使える。欠点材で使えないという企業はあるが、岐阜県の大手製材所では、被害程度が軽度なナラ材を製材しており、家具会社は使用可能という判断であった。なお、激害木では強い臭気があるので、薪やチップとしての利用が望ましい。

3. 里山広葉樹林の再生

伐採して売ると同時に、次の世代の森林育成を考える必要がある。しかし、これまでの広葉樹流通では、収奪林業（良いものを伐って出す）であったことや、天然林という認識であることから、育成という視点がなかった。放置しない場合でも、「あるものを育てる」というレベルであったと言える。ここでは、資源循環という観点で、次世代の育成について述べる。

天然林と誤解すると再生を確認しない

二次林である里山の広葉樹林は、くり返し述べているが、統計上は「天然林」(天然生林)とされてきたため、未だに「自然に形成された林」という誤解が多い。言葉の誤解から来る極端な伐採反発は近年減りつつあるが、それでも、一般の多くの人々は広葉樹林は天然であると捉えており、CO_2吸収機能への期待が大きく、生物多様性保全の重視につながるのだろう。

もうひとつの問題は「伐採したら自然に再生する」という思い違いである。「自然には回復力(レジリエンス)があるから、人が構わない方が良い」という考え方に賛同する人も多い。このような認識からか、伐採地では再生経過を観察しないことが多い。温暖で雨の多い日本では植物の繁茂は全般に活発であるが、森林を伐採したあと自然に元に戻るとは限らないので、伐採後の経過観察が必要である。その一方で、広葉樹の多くは切り株から萌芽するのに、それを待たず、伐採直後にクヌギなどの苗を植栽されることも多い。再生を見守りつつ、場合によっては苗を補植するという経過観察を含めた二次林管理に向かってほしい。

資源利用があれば再生へと進める

さて、持続的な社会の発展を目指すSDGs（Sustainable Development Goals）の観点から、今後は日本でも、資源循環型社会を目指すことになるだろう。また、新型コロナウィルスの蔓延やウクライナ侵攻など国際情勢の悪化で、生活必需品が輸入困難となる経験をした。このような社会動向から、全面的な輸入依存へのリスクが様々な分野で認識され、自国内の森林資源の積極的な利用と再生を通じた国土保全は、今後一層重視されるだろう。これまでは森林管理といえば人工林経営のことを意味したが、広大な広葉樹二次林の適正な利用と管理について、もっと社会認識を高めていきたい。国際的には「経済のグリーン化」といって、企業は環境に配慮した経営であることが重要視されつつある。日本でも、企業の社屋の内装などは、単なる木質化の先には、国産広葉樹の使用が進むだろう。海外のCO_2排出権購入や、単なる植林活動では、グリーンウォッシュ（環境配慮についてのごまかし）として非難されて評価されなくなる。

森のカタログ化という「立木情報の提供」については、7章2～3に詳しく解説するが、まだ理解されにくい部分がある。関連企業への試行的な提供では、「購入を考えたい」という反応の一方で、「試供品の材質は床材の規格に合わない」という判断の企業もあった。10年、20

年先の材料調達を考えるかどうかで、やがて業績に差が出てくるはずである。今は、国産広葉樹の活用に前向きな企業の探索と、地方行政との連携の両方向から里山管理の取り組みを進めている。

ナラ枯れ被害地から対策の相談は増えているが、残念なことに、里山自体の管理には具体的な相談が進みにくい。１回の相談で解決は困難なので、地域で委員会を作って集中的に検討し、最善策を見つけていく必要がある。広葉樹林業といえば、スイスやドイツの択伐施業や恒続林が理想とされる。皆伐せずに少しずつ伐採して世代交代もさせていく手法で、日本でもそうしたいという将来的展望がある。しかし、４章２で解説したように、今の高齢里山を抜き切りするだけでは、択抜できる恒続林は作れない。長期的な計画のために今判断すべきことがあり、段階を踏んだ計画と実行が必要になる。

6章　木材だけではない森林資源の活用

1. 森林資源のカスケード利用で林地残材を減らす

針葉樹も広葉樹も、用材生産で認識されていないのが林地残材の多さである。広葉樹では、通直な部分が少ないこともあり、主幹の半分以上は用材以外の用途を考える必要がある。薪やほだ木などの使い道も伐採までに決めておくことが望ましい。

森林への注目を好機ととらえる

里山管理では、ナラ枯れ対策ではなくて「森林資源とは何か」「自分達にメリットのある管理とは何か」から、現実的に考えて計画する必要がある。樹木のカスケード利用の大切さは前述したが、通直な幹だけでなく曲がり材や枝も有効に使って、林地に残材を放置しないことまでが管理作業の責任である（図5-6、口絵26）。伐採に先だって、現代の生活にあった用途や利用方法を木材や薪以外にも探しておかないと、収入の続く資源循環にはならない。また、放置二次林を伐採すると、次回の伐採まで50年以上ある。大規模森林所有者でなければ、樹木以外の資源利用も開拓しないと、里山はまた放置となる。

世間では「林業不振」というネガティブな話ばかりであるが、一方では伐採に参入や木工技術を習得したい若者が増えており、明るい話も聞こえる。また2020年からのコロナウイルス蔓延で、自然の豊かな地方に移住（2拠点居住）したい人が増えたという。会社に出勤しないリモート勤務が可能になり、地方自治体による居住場所の斡旋が活発である。このような生活の価値観の変革があり、都会での生活が理想ではなくなった。山林の仕事が生業として成り立てば、移住したい人々に生活の場を提供できるし、リモート勤務の移住者と共に「自然の楽しみ方」を都会の人々に提供すれば、農村集落の収入を増やすことができる。本項では視野を広げて森林資源をとらえ直し、里山に関わる仕事の可能性について考える。

従来の森林管理の人たち

林業すなわち人工林間伐という視野の狭さが、林業不振と森林放置につながったと考えている。集落共有林の管理組合（人工林の管理経営などを担当）では、役員はおおむね高齢男性で、若年層・女性は森林との接点が少ない。また、壮年層の多くは農業や企業勤務で忙しいので、森林に関わろうとしない。農村集落では、「雑木林（二次林）は厄介者」、「人工林を伐っても売れない」という嘆きの声が強いが、木材だけで儲けるのが難しいなら、多角的な収入の種を作る必要があるだろう（図5-6、口絵26）。所有林面積が小さい農家は、「農地と森林の資源」をまとめて資産として眺めてはどうかと思う。所有林をボランティア団体に無償提供して、ケヤキやサクラなどを薪にするのでは、「財産として活かせていない」という自覚からスタートである。

これまで各地の森林に関わった経験からは、工夫次第で収入になると実感している。現代社会では自然に親しみたい人は多いが、「楽しむための技術がない」人が実は多く、ガイドによる里山案内のような「無形の資源としての森林利用」は、今後さらに価値が高まるはずである。事業化が有望な「種」はたくさんあり、そこに、従来型の林業に関わってこなかった世代、女性や移住者が参入できれば、地域の発展になると考えている。

そこで次の2つの提案がある。①林業を人工林経営という狭義にせず、「森林をお金にする」仕事を全て林業に含めることと、②森林を利用する新たな経済活動（New林業）を、よそ者（移住者）、帰郷者、若手、女性の主導で発展させることである。多様な価値観の人々が事業の立ち上げに関わることが、地域の発展に必須と考えるからである。森林組合では、職員の短期離職に困っているところが多いようで、魅力のある職場への変革が求められている。まず、林業のイメージを変えないと新規参入は増えにくい。以下にNew林業の企画を提案するが、他にも様々なやり方があると思っている。

2. 身近な里山資源の販売

森の恵みという観点では、地方・地域により種類の異なる様々な資源がある。山野草や山菜など、愛でたり食べたりするものはもちろん、新緑の森林景色や、梅雨前後のウツギやアジサイ類の開花は、確実に人を呼べる「資源」である。ここで資源と呼ぶのは、「収入にできる」という意味で、売りやすさの視点でいくつか提案する。

生け花およびクラフト材料の出荷

生け花には「枝もの」という材料がある。マツ（若松）やウメなどお正月用が多く、その他に猫柳、枝垂れ柳、クロモジ、モモ、マンサクなど多種の木の枝が生花店では販売されている。ウメノキゴケがびっしり付いた枝も使われる。近年は通信販売が活発で、販売サイトにはヒバ、スギなどの針葉樹の枝もある。クリスマスの時期には、リース用の針葉樹やヒイラギ、アケビなどの蔓植物の需要が増える。松ぼっくりは小さなクリスマスツリーを作る材料として欲しがる人が多い。農村では、裏山の所有林内に自生する樹木や蔓植物やシダが、かなりの価格で売れるのである。マツ枯れ跡にはびこるアセビは、新芽は有毒であるが、葉が可愛いので生け花用に流通し始めた（図6-1、口絵27）。将来は、人気のある樹種を販売用に植栽して育成する方法もある。

徳島県上勝町の葉っぱ産業は有名で、レストランの料理に添える「本物の葉」を山取りで出荷しており、地元住民の大きな収入源である。パソコンを利用して生の葉を流通できるまでには多くの作業や困難があったと思われるが、一旦産業化すると、再生可能な木本植物は有利なことがわかる。流通経路を作る段階のハードルはあるが、枝ものの需要は以下の理由で大きくなる気配がある。

華道や茶道用の花の市場なら、利用される樹種は限定的で、従来の流通で足りているかも知れない。しかし、この数年の自然志向の強まりにより、イベント会場やレストラン等のしつらえとして、樹木を使いたいという要望が増えている。昔は、枝が欲しければ裏山で採って来たが、昨今は都会でなくてもそんなことは勝手にできない。最近出席した結婚披露宴では、常緑樹の葉付きの枝がテーブルに飾られ、花瓶に生けられていたのは、バラやランではなく野生の木の枝と草花（外来種）であった。落葉樹の枝は葉が萎れやすいが、常緑樹なら1～2週間は枯れない。葉が小さめの常緑樹であるソヨゴやアセビは特に、生花としての流通に適している。

図6-1　枝ものとして人気が出たアセビ

華道の展覧会の作品用に、切株や朽ちた木片を提供したことがあり、芸術分野でも需要がある。生け花以外には、ペットのカメレオンの止まり木など特殊な依頼もある。まず、身近な樹木や草花類から、「売る」という観点で可能性を探ってほしい。ただし、採る一方で特定の樹種が森から消失することのないように、資源管理の意識は大変重要である。

グリーンウッドワーク

伐採木の枝や曲がり部分の利用としては、生木をそのまま削って加工するグリーンウッドワークがあり、最近では人気が非常に高まっている。水を含んだ生木は柔らかいのでナイフで削りやすく、プロの木工家でなくても、趣味としてスプーンから椅子まで様々な道具を作ることができる。利用樹種は、削りやすさや肌理の細かさで選択する必要があり、乾燥したときに割れにくいことも材質としては重要である。たとえばソヨゴのように白っぽく肌理の細かい樹種は、スプーンのような小物の製作に適している。果樹園や農園で伐採した木を提供することもできる。

伐採した木を乾かさずに流通させるには、生のまま野菜のように売るか、殺菌してパウチにして販売になるだろう。まだ材料の流通経路そのものがないので、指導者はワークショップ時の材料調達に苦労しているようである。ここにも流通を作るというハードルはあるが、ネット販売という方法を利用するなら、里山で低木種を伐採して、あるいは広葉樹伐採時に曲がりや幹上部の残材を集めて、消費者に届けることができる。

野生獣類の食肉化とジビエ

最近は野生鳥獣による農林業被害が増えているが、猟師により捕獲されたニホンジカは大半が破棄されている。また、被害が多くても、頭数調整のための捕獲（有害駆除）が十分でない地方がまだまだ多い。田畑の周囲には防護柵が設置されているが、森林の手前に柵があるため、森林内の被害が見えにくいという問題がある。伐採のあとの萌芽はニホンジカ等に食べられると、再生できずに根株ごと枯死するので、野生獣類の生息数が多いまま放置すると、里山林は再生できなくなる。シカの頭数管理をしないまま農地を囲っても課題の根本的な解決にはならない。

猪肉だけでなく、鹿肉も上手に解体処理された肉は極めて美味である（図6-2、口絵28）。

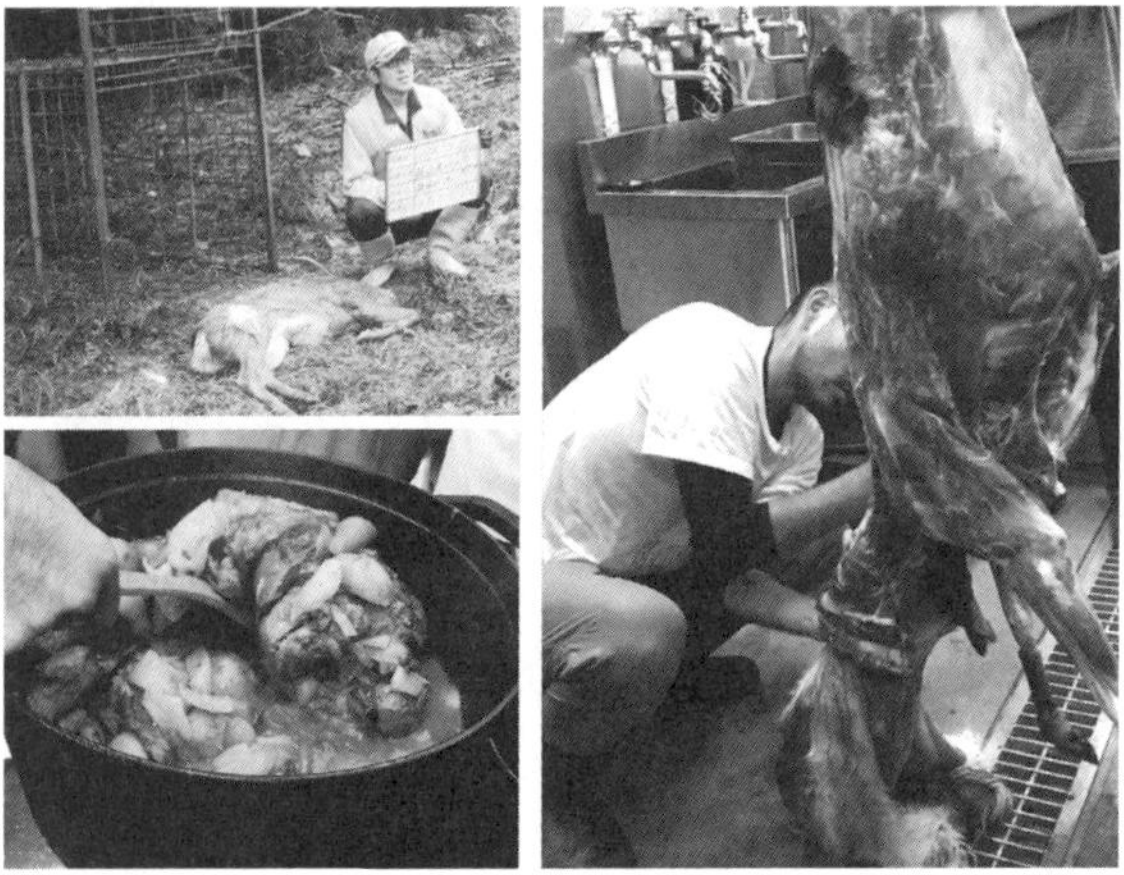

図6-2　ニホンジカの解体と鹿肉の煮込み料理
(兵庫県丹波篠山市)

さらに、鉄分が多く脂肪が少ない点で健康的な食材である。しかし食肉用解体の認可施設が少ないこともあり、大半が廃棄されている。また、高い年齢層では「獣肉は臭い、おいしくない」という先入観が強いなど、資源として認めにくい風潮がある。

獣肉の調理のポイントは牛や豚肉とは異なるので、その特性を知った調理者が農村への来訪者に料理を提供することが望ましい。また、料理の提供だけでなく、野生獣肉の調理方法を現地のイベントなどとして調理実習できれば、食材としての普及に寄与できる。肉という素材と調理イベントという2つの資源が、ここにも未利用のまま、放置されている。

今後、野生獣類の活用を進めるには、猟師

を増やすことから取り組む必要がある。近年、農村では若手の猟師が増えつつあるが、食肉としての活用を増やすには解体場所の設置費用が課題であり、その公的援助を積極的に進めないと、先には進めない。

3. 森の自然を収入にする…無形の資源利用

森林を伐採すると、次回の伐採まで半世紀程度かかる。所有面積が小さい場合は、森林からの収穫物のみで持続的な収入を得ることは困難である。目の前の「モノ」のみの狭い範囲を資源と見ていると、森林からの収入に期待できなくなる。しかし、「森林という環境」そのものに経済的価値があることに気づいてほしい。それらをいくつか組み合わせて収入にできれば、農山村での生活がより豊になると思う。

グリーンツーリズムのコンテンツ開発

２０２０年に始まったコロナ禍から、ソロキャンプや家族キャンプが流行しているが、実は、安全にキャンプする技術を持たない人が多く、極めて危ない。キャンプ地でツキノワグマの被害が出ており、キャンプ地の管理者さえ妥当な指導ができていない可能性がある。日本には危険な生物はそれほど多くはないが、代表格のマムシを見たことがない人が普通となった。スズメバチが威嚇に来た時は追い払ってはいけないこと、黒っぽい服装はハチの攻撃対象になることなど、危険回避に必要な知識が欠如している。さらに、毒キノコや毒草でも素人判断による事故がある。

これらは半世紀前までは田畑のあぜ道などで経験でき、日常生活の中で判断力が身についたのであるが、近年では親からの伝承がほぼなくなった。つまり、「安全な野遊びの仕方」を大人に教える必要がある。地域外からの移住者も含めて、地域で指導の仕組みを作ってガイドの役目を担う人が居れば、里山林で楽しむ人たちを増やすことができる。

農林業体験と農家民宿

近年は観光地巡りよりも体験型の旅行を好む人達が増え、農業体験は農家民宿とともにポピュラーになりつつある。温泉、景色、美味しい食事の3つは従来型旅行の重要条件であるが、「農家民宿・農業体験」では、体を動かして作物を収穫し、地場の新鮮野菜を使った料理を食べてゆったりと休むので、観光旅行ではない感動が加わる。農林業体験の中には、茶摘みやクロモジ精油の蒸留体験などのイベントも組み込み可能である。

この農業体験型ツアーには、残念ながら「里山を楽しむ」という要素が入ってなかったので、今後は旧薪炭林の探索・探検にも範囲を広げてほしい。半世紀以上の放置によって、里山林では昔の道が消えつつある。今の段階で散策コース（小径）を整備するなら道の復活につながり、里山管理の推進になる。散策して楽しい林にするには、一部を伐採して明るくする必要がある。また、散策時に細い木を伐ってグリーンウッドワークに使うと、木は資源という実感にもつなげられる。

林業体験としては各地でスギやヒノキの間伐体験イベントが盛んである。細い針葉樹は、指導者がしっかりしていれば未経験者でも手鋸で伐れるが、「間伐作業」が林業だという誤解が広がっているのを残念に思う。体験イベントでは、基本知識の伝授を含めた指導が必須という認識を持ち、ただ「伐る」という楽しい作業で終わらないように留意してほしい。今の農村地

図6-3　有馬温泉の近隣で里山散策ツアーの試行
(神戸市北区有野町)

帯には放置竹林が過剰に繁茂しており、竹林管理は緊急に進めるべきであるが、農村では効果が出るほどには取り組めていない。竹林伐採は樹木の伐採体験よりも安全に実施でき、有料の体験イベントとしても人気があるので、農業体験とセットで企画してほしい

野遊びのガイド

山登りではない野歩きの楽しさの提供である。星野リゾートなどのホテルが提供する自然ガイドによる山裾の散策案内は、宿泊客に人気である。筆者が大学の演習で下調査を実施し、神戸市と共催した「里山散策ツアー」(2018年、図6-3、口絵29)では、平坦な往復1kmほどの川沿いを歩いて貰った。梅雨入り前でコアジサイやタニウツギが満開であり、花の名前や危険な生物について伝えながら散策し、その後に山菜天ぷらなどの昼食を、地元の女性団体の協力で提供した。幼児や小学校低

学年の子供が居る参加者からは、川遊びをしたいという要望も出た。

地元住民から地方行政への要望では、自動車道の拡幅やキャンプ場の整備などが挙げられるが、しかし、自動車道が良くなると、観光者は道を通過するだけで下車しないことが指摘される。キャンプ場も車で来てバーベキューをして帰るだけになる。前述のように、野遊びのスキルがないので、ハイキング道を整備してもほとんど使われない。つまり課題は、「案内人」と「散策のためのモデルコース」が必要ということである。その土地の魅力を伝えるのにどこまでお膳立てするのかなど、コンセプトからの議論が大事になる。

惣菜・山菜料理、調理指導

周知のように、里山の所有者は大半が農家（集落）である。大学の宿泊型演習では農家のお母さん方に、竈の火のおこし方や地場野菜を使った料理を指導いただいた。伝統的な丁寧な調理と味付けの煮物類に感激し、農家民宿だけでなく料理教室の開催を勧めたことがある。近年の慌ただしい日常では、出汁を丁寧に取った煮物など伝統的な家庭料理は消えつつあり、それがまだ残っているのが農村地域である。タケノコや山菜料理に必要なアク抜きという下調理のことも、若い世代には伝承されていない。公民館の調理室で容易に実施できることや、リピーターを増やしやすい点で、調理関係のイベントは推奨したい。

製茶やアロマオイルの楽しみ

農村地帯と都会の2拠点で活動している人が、借地横の放置茶園を借りて茶摘み&製茶イベントを開催したので参加した。自分で茶の新芽を摘み取り、講師の指導を受けつつ緑茶や紅茶、ウーロン茶に自力で加工する作業は、非常に楽しい経験となった。昼食の提供をうけつつ5時間程度で「自作のお茶」を完成させて持ち帰るので、「自分で作れる」という達成感があり、帰宅したら家族にそのストーリーを自慢したくなるイベントとなっていた。

同様のイベントとしては、クロモジの葉から精油を採取してアロマオイルを作るなどの実施例が見つかる。素人には無理と思われることを、プロの指導でできる「達成感」や作品を持ち帰るうれしさがあり、今後さらに人気がでるのではと感じる。

昔は、どこの農家でも庭先にお茶の木があり、番茶やほうじ茶を自作していたようである。そのような日常的な作業が、今の日本社会では消滅してしまった。それを改めて非日常のイベントにすることで、森林資源の利用と販売（イベント収入）につながるのである。ここには、まだ新規のネタ発掘の余地があると思う。

新規事業を軌道にのせる公的支援

都会で仕事をしていた人が、定年後に帰郷して農林業を突然継ぐのは大変であるが、里山でできる事業がいろいろあると、Uターンする時期を早めやすく、その後の人生設計の助けになると考えられる。若い移住者（Iターン）を増やすことにもつながるはずである。ただし新規事業の成功の前には、2つの阻害要因がある。これまでの経験では、大抵は周囲の同意や資金がないことから、提案の段階で終わりやすく、ここには地方行政の積極的なサポートがほしい。

UIターンの若者～壮齢者や、子育て後にゆとりのできた女性が事業に取り組む場合、スタートのための補助金が少しあると本人の不安が減る。農家民宿のように家族（夫）の反対が出やすい事業では、改装費などの補助が得られるなら同意を得やすくなるのではと思う。2つ目の問題は、若者や女性が事業化を頑張ると、地区長などの高めの年齢層が「不快感を示す」例である。年配者はむしろ彼らの行動力を褒めて、経験豊富な立場からサポートする側であってほしいと思う。

本項目では、里山と農村を歩きながら気がついた「皆でできそうな資源活用」や、実施事例を挙げた。ハードルの低い企画からぜひ検討してほしい。自治体や企業ではＳＤＧｓ（Sustainable Development Goals 持続可能な発展の目標）を推進しようというかけ声は大きいが、具体的に何をすべきか検討は進んでいない。森林や農地には未利用の資源がたくさんあり、それを上手く活用できれば、持続可能で資源循環型の生活（ＳＤＧｓの取り組み）が実現できるのに、気づかれていないのである。里山を利用した事業では、林業不振を逆手に取った農村地域の活性化ができそうである。企業は今後、環境保全への貢献を事業に含める必要があるので、広義の林業（森林資源利用）へのサポートを期待する。

7章　木材資源化の手順

1．伐採・搬出〜製材・加工への森林環境譲与税の活用

里山二次林の荒廃について府県や市町村から具体的な管理手法を問われる機会が増加しているが、森林の状況は地域により異なり、どの地方にも当てはまる「処方箋」は出せない。しかし、地方行政が取り組める基本的な事項については、各地で共通することはある。本項では二次林管理への行政のサポートについて、神戸市の事例をあげて解説する。森林環境譲与税の使い方が難しいという声があるので、そこに重点を置いた。神戸市は都市部が多いと思われているが、実は急峻な山地と広い農村地帯を有しており、多くの地域で参考にできると考えている。

神戸市における森林環境譲与税について

神戸市は、港と共に発展してきた都市であるが、その背山となる六甲山は、古くから過度な利用がされており、明治のはじめ頃には、樹木の少ないはげ山になっていた。六甲山系の再度山で植林が始められたのが、1901（明治34）年、約120年前の事である。都市近郊でもあった六甲山は、砂防や治山などの観点からも植林が進められ、今では木々が生い茂り、一見豊かな山になっているように見えている。また、六甲山系の南側を中心に市有林化を進めていたこと、阪神淡路大震災後に山麓部の森林緑地を保全するため、六甲山系グリーンベルト事業なども進められていた。

しかしながら、短期間に一斉に植林されたこともあり、樹種や樹齢が似通ったものに偏ったものになったり、防災の他にも国立公園に指定されたことから、伐採などに多重に制約があること、逆にみれば、十分な手入れができずに放置されたため、土砂災害の発生、景観の悪化、病害虫の発生などマイナス面も目立つようになっていた。このため、神戸市では、六甲山を美しく健全な状態で次世代にも引き継いでいくための森林整備を実施すべく、2012（平成24）年に「六甲山森林整備戦略」を策定していた。その少し前、2006（平成18）年度から兵庫県において県民緑税制度がスタートし、山間部については「災害に強い森づくり」に取り組まれたことから、神戸市で兵庫県とも連携しながら、私有林の整備にも取り組み始めたところであった。

神戸市の森林の特徴とゾーニング

神戸市の森林は、薪炭などを得るために利用されてきた里山林由来が大半である。スギやヒノキなど針葉樹人工林は6％程度、残りは里山二次林の広葉樹林やアカマツ林が占めている。六甲山系と市北部の帝釈丹生山系は急峻な地形が多く（図7-1、濃色）、「みどりの聖域」として保全を優先した区域である。六甲山系と瀬戸内海に接する市街化区域があり、その他の区域のほとんどは「人と自然の共生ゾーン」の田園地帯で、山林も農村に隣接した里山林（広葉樹が主体の二次林）となっている。

このため、市街地に面し、防災上の課題もある六甲山区域は約5割が公有林化されているが、農村区域ではほぼ9割が私有林である。所有者や境界が不明な森林が増加していることも、整備を進めるにあたっての課題である。また、特に六甲山系では、治山、砂防、自然公園、緑地保全などの多様な法令による規制が厳しく、整備の内容が制限され、許可申請手続などが負担となっている場合もある。

このような背景から林業は未発達で、林道などのインフラや伐採の担い手は不足している。里山二次林の多くは放置され、樹木の大径木化、常緑樹林への植生遷移、病害虫の発生、生物多様性の低下などの問題が生じている。農村地域では、放置された竹林が繁茂し、周辺の森林の竹林化や景観の悪化などが課題となっている。

図 7-1　神戸市の土地利用

森林環境譲与税を活用した森林整備実施計画

森林環境譲与税が初めて配分された２０１９（令和元）年度に、神戸市では森林整備実施計画を定めた。具体的には市域全域の森林の継続的な整備、木材活用、人材育成、普及啓発などに取り組んでいる。その後、近年の森林災害の多発に鑑み、譲与税の配分が前倒しになったため計画の見直しを行った。図７-１に示した土地利用区分により、「みどりの聖域」区域では「こうべ都市山再生事業」とし、「人と自然の共生ゾーン」では「里山整備支援事業」として事業を大きく2つに分けた。一方、神戸市内の森林整備では、急峻な地形や事業規模が小さいことから材の活用を考慮してこなかったが、市内の民間事業者とも連携して多様な方法を検討していくことにした。従来からの公共建築物等の木造化・木質化の取り組みに加えて、神戸市産の広葉樹材を活用した内装材や家具材などの利用を進めてきた。また、林業的な基盤がない中で森林整備や木材活用を進めるため、森林所有者調査事業、森林整備に参加する人材育成、森林整備を支援する普及啓発活動及び多様な関係者を結び付けていく推進組織（プラットフォーム）をつくり、事業を継続的に実施していく。森林整備等の進捗状況や社会情勢の変化に対応するため、本計画の内容については5年に一度程度の頻度で見直しを行う。

(1) 森林整備の実施計画と方針

防災機能に特に重点を置きつつ、市民のレクリエーションや教育の場となる森林や、水資源の涵養、生活環境の保全、木材生産のための森林等、森林の多面的な機能に配慮して、市民の多様な要請に応えられる森林整備をめざしている。六甲山上地区では観光の活性化の取り組みが進められており、快適な森林空間の形成や施設保全にも配慮した整備を実施したい。農村地域では、農地保全や獣害への対策、地域の活性化への寄与も考慮する。

譲与税事業の対象は原則私有林であるが、神戸市内に多く存在する財産区有林も含めるものとした。従前の造林事業や県民緑税事業の活用をまず検討し、活用が困難な場合には、森林環境譲与税による整備を進める方針である。譲与税の活用については、前述の事業区分にあわせて、図7-2に示すように「みどりの聖域」では、管理が不十分な人工林など谷沿いなど防災上重要な森林、あるいは施設・人家沿い斜面など生活環境保全の観点から重要な場所の整備をこうべ都市山再生事業として行う。「人と自然の共生ゾーン」では、集落周辺の里山林の整備を地域の要望に応じて、里山整備支援事業として支援する（神戸市　広報サイト）。以下に、里山の整備で木材利用まで実施できた事業①について詳しく解説する。その他の関連事業②については概要を紹介する。詳細は市役所の広報サイトの「森林環境譲与税を活用した森林整備等の取り組み」（URLは参考資料に掲載）に解説されている。

①里山二次林の木材資源利用

・こうべ都市山再生事業：人家沿い斜面など生活環境保全の観点から整備を行う。2021年度実施。

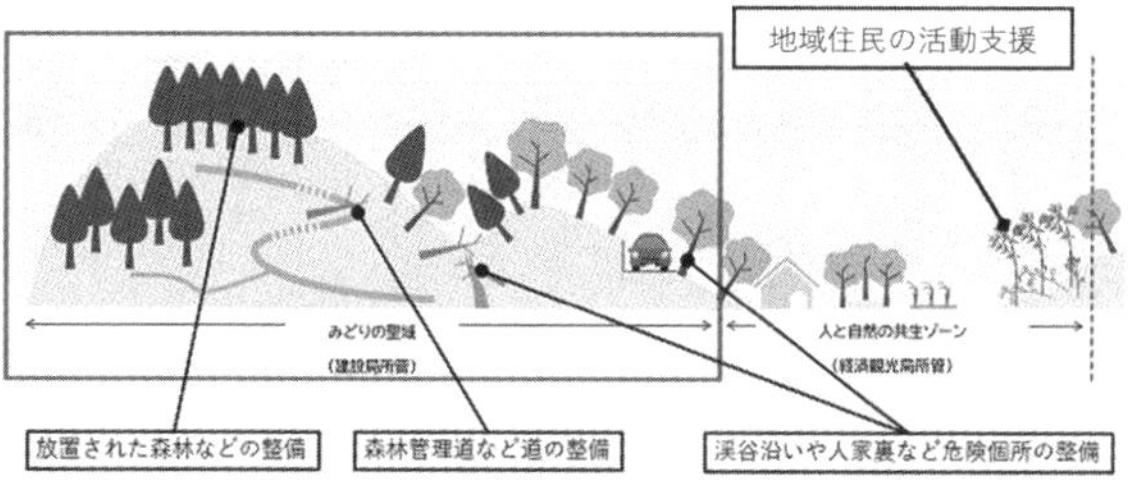

図 7-2　事業の概要イメージ

・実施場所：北区淡河町勝雄
・森林所有者：個人

●事業実施前の準備

六甲山系以外の区域で新たな取り組みを検討した。北区淡河町勝雄は、神戸市の西北端にあたる区域で、「みどりの聖域」（森林）と「人と自然の共生ゾーン」（農村）が接している。イノシシなど野生動物の被害も目立つという地域からの要望も考慮し、林縁から約15mの幅で小規模な皆伐を行い、森林と田畑の間にバッファゾーンを形成するという実験的な取り組みである。

勝雄の整備対象面積は、8150㎡で、実際の伐採面積は広葉樹の皆伐採が4850㎡（竹林進入区域を含む）、人工林が300㎡、その他、斜面地3000㎡で除伐を実施した。施業時期は2021年6～7月である。作業に関しては、搬出利用計画も含め兵庫県森林組合連合会が受託し、同組合が調整して、神戸市内の木材事業者を交えて搬出製材を行った。製材にあたっては、建築コンサルタントと意見交換をした。伐採搬出後の展開についてては「（5）計画の推進体制」で詳述する。

●植生の事前調査内容

調査地の一帯はコナラ－アベマキ群集が優占し、その他アカマツ－モチツツジ群集、モウソウチク－マダケ群落、スギ群落、ヒノキ群落が認められた。モウソウチク－マダケ群落は、農地沿いの林縁付近に点在、周辺のコナラ－アベマキ群集への広がりつつある状況が確認された。スギ群落及びヒノキ群落は断片的に分布、コナラ－アベマキ群集には、ナラ枯れが顕著な林分や、竹が侵入している林分が認められた。

●伐採木の資源量と活用方法

事前調査の結果から、現場から発生する材を約100㎥と想定し、その2割の20㎥程度が木材として活用の可能性があると推測した。結果は29㎥であった。残りはチップ材としての搬出を予定していたが、大型車の進入が難しく、大型車2台分（約14トン）にとどまった。なお、個人所有林であったが、その了解のもと、材の活用については神戸市の責任で行った。

●木材としての活用状況

活用可能な材のうち、9・29㎥は、2022年度に神戸市の保育所建築に使用するため保

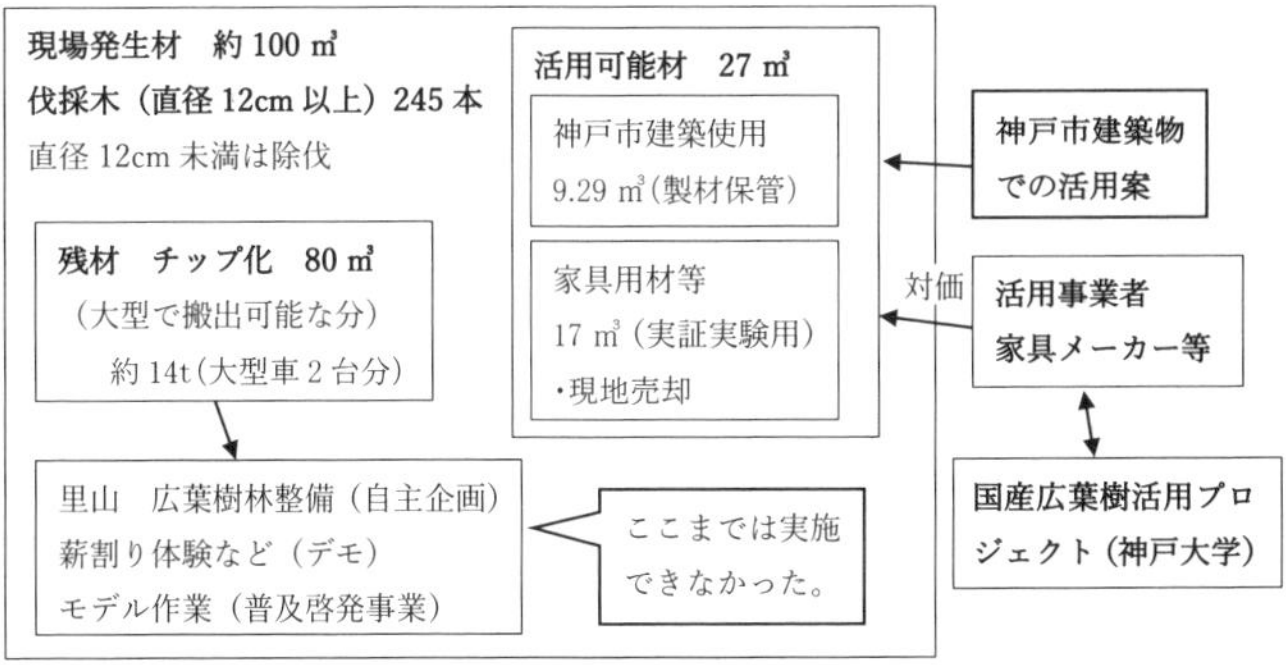

用概念図

管している。その他の材の一部が、神戸市東遊園地に2022年3月にオープンした「こども本の森神戸」に椅子として納入された（図5-3参照）。家具製作の調整はシェアウッズ（神戸市内事業者）と神戸市文化スポーツ局で行った。その他、売却した材の多くの部分は家具メーカーが購入し、テーブルと椅子に加工して神戸市内の店舗に納入された。なお、活用にあたっては、神戸大学森林資源学研究室が中心となる「国産広葉樹活用プロジェクト」と連携して実施した（図7-3、同プロジェクトのホームページ参照）。今回は実験的な取り組みであったが、今後はこのような情報をできるだけ公開し、多様な利用方法に取り組んでいく必要がある。

②その他の森林環境譲与税適用事業の例

●森林整備のフォローアップ事業

こうべ都市山再生事業、実施場所：北区有野町唐櫃、２０２０年度実施

森林管理者：神戸市下唐櫃林産農業協同組合

整備後10年以上を経過した森林で効果を維持させることを目的とした森材整備で搬出も行う。唐櫃地区は、六甲山系の北側で、神戸市内では人工林の多い個所である。今回、搬出間伐を行い、神戸市の新中央区役所内の区民ホールで活用された。（材に関しては、市が公共建築に使用する分と組合が自ら販売するものとに分けた）

●森林アクセス維持改善事業

実施場所：北区有野町唐櫃、２０２０年度実施、林道の管理主体：神戸市上唐櫃林産農業協同組合

搬出路の作設・復旧や管理道兼ハイキング道の整備及び道沿いの樹林整備。災害等による補修等が十分できていなかった管理道なども含む。道の補修にともない、区域内の搬出間伐を行った。

●里山整備支援事業

地域住民が実施する農村周辺の里山林・竹林の整備等の活動に対し、必要経費の補助を行うもので、公募により実施している。（２０１９-２０２１年度で16件）

２０２０年度に実施された北区八多町の神社林では、伐採木を隣接する公園での活動に利用している。

(2) 森林資源活用及び公共建築物等の木造・木質化計画　実施方針と事業の枠組み

森林整備で発生する森林資源を活用し、森林へ還元することを目的に以下の事業を対象として、森林環境譲与税を利用する部分がある。①森林整備のスピードに合わせた木材の活用・ストックを行う。②地域活性化や地域課題解決につながる活用を図る。公共建築物等の木造・木質化を図る。③公共建築物等において、森の価値を高める方法で県内産・市内産の木材を活用する（木材の適材適所の推進）。

図7-4　ストックヤードの整備（出典：Google map）と材の保管

④県等と連携し、市内の木造木質化の推進及び県内の森林循環に貢献する。

市の指針では、「可能な限り神戸市産木材及び兵庫県産木材の利用に努めるもの」とされており、地域産材が困難な場合は、原則として「国産木材」を利用する。学校や福祉センターなどの新築工事や改築工事において、木造・木質化の取り組みが進められている。森林資源活用の課題としては、①林業的基盤がないため、加工施設やストックヤードがほとんどない。②伐採から活用までの担い手が不足している。③木材の搬出量は限定的である。このような事もあり、「(5) 計画の推進体制」で詳述するが、プラットフォームが重要な役割を果たす。木材のストックの事例を図7-4に紹介する。

(3) 人材育成

森林環境譲与税の実施計画では、人材育成についても定めている。林業地ではなく、長年、自然環境保護の下、適正な森林の整備が行われてこなかった神戸市内では、市内に森林整備や木材活用を担う専門的な人材が不足している。このため、例えば、森林整備に関心のある市内の造園事業者などを対象に実習・研修を2020-2021年度に実施した。また、兵庫県森林大学校や兵庫県、建築士会等の各業界が実施する人材育成プログラムと連携を図っている。

森林整備・木材活用の実際の現場などが広がりに合わせて、今後、ワークショップの実施などの取り組みも加えていく。

(4) 普及啓発

一般市民に向けて、森林整備の重要性及び必要性について理解を促すため、例えば、私有林整備の見学や材を伐採した現場から活用事例の紹介などを実施している。2022年度からは、神戸電鉄が実施する「神鉄ハイキング」の年間スケジュールのうちの4日程を神戸市建設局と共催の「森林学びハイキング」とした。森林整備や木材利用に関する学びを含めた内容のハイキングコースを設定するなどの取り組みを行っている。

(5) 計画の推進体制

森林環境譲与税を活用した計画を継続的に実施していくために、また、将来にわたって神戸の森林整備や森林資源の活用を進めていくためには、森と木に関わる様々な人（ステークホルダー）をつなぐ仕組みづくりが必要である。しかしながら、個々のステークホルダー同士の関りが少ないため、情報を共有していく場の形成が重要である。また、森林所有者や地域に対し

表7-1　神戸市における環境譲与税額　（２０２２年度見込額）

年度	譲与税額	備考
2019年度（令和元年度）	0.6億円	
2020-21（令和2－3）年度	1.3億円	
2022-2023（令和4－5）年度	1.7億円	
2024（令和6）年度以降	2.1億円	森林環境税徴収開始

て各々の概況調査を実施し、従前事業の運用を含めた事業計画の作成、森林所有者などによる森林整備・活用のコーディネートもここに含める。

神戸市ではこの仕組みを「こうべ森と木のプラットフォーム」（神戸市役所　Website参照）と呼び、行政と民間のそれぞれの良さを活かして、森林整備や森林資源の活用を支援する仕組みづくりを実現しようとしている。関連の業務に関しては、兵庫県森林組合連合会*が、検討業務を受託している。また、兵庫県から森づくりサポートセンターの運営を受託している。センターは、新たな森林管理システムのもと、市町が実施する森林管理や森林整備事業、県内や地域の森林整備につながる木材利用・木育活動などを専門的かつ技術的に支援するものであり、神戸市のプラットフォーム業務とも連携を深めていく。

また、第三者の視点から事業の効果検証やプラットフォームの運営の妥当性について、評価を受ける仕組みが必要である。森林学や防災分野等の専門家で構成される有識者会議を設置し、適切な税の運用につなげることが、今後もこの貴重な財源を有効に生かしていくキーポイントになると考えている。

＊兵庫県森林組合連合会（2013年1月からひょうご森林林業協同組合連合会に移行）

（松岡達郎）

2. 流通革新：里山における立木販売と伐採から製材の手順

日本の木材流通には伝統的な慣習による部分が多く、5章では輸入材のオークやチェリー材に相当する国産材の流通は不活発であると説明した。しかし、既存の商習慣や流通経路を変えるのは難しく、また、デジタル化の推進も困難なことから、従来とは全く異なる「立木の予約販売」という方法をMORI TAGシステム（黒田2022）として実現させつつある（図5-2、口絵22）。以下にその具体的手順を解説する。なお、現在は実証実験中であるため、以下に示す入力や閲覧の方法は今後変更の可能性がある。

タグ付けと調査の項目（図7-5、口絵31、図7-6）

①1〜数年以内に伐採および木材としての活用を想定している林分を選択する。電子タグは耐候性で10年以上保つことはわかっているが、この調査の目的は現在の資源を把握して売るためのデータ収集なので、目的に合った場所で実施する。

②管理再開の最初の取り組みの場合は、伐採や搬出等の作業が容易な場所を選ぶ。ゾーニングの考え方（図4-7、口絵20）に基づいて選定することが望ましい。

③電子タグは木ネジで樹幹基部に取り付けるか、プラスティック製の杭に付けて地際に打ち込む。木ネジによる装着で腐朽菌が感染して材質が劣化する恐れはないが、森林所有者の判断でいずれかを選択する。

④調査範囲は伐採を想定している林分であるが、すべての木にタグを付ける必要はなく、販売の可能性の高い高木種のみを選択しても良い。また、伐採範囲が広い場合は、代表的な場所に10m×10mのような区画を設定して、まず試行してみる。

⑤スマートフォンアプリで電子タグのＩＤの読み取りのあと、入力は示された項目に従って行う。樹種名、主幹の胸高直径、通直部の長さなどを入力し、幹および欠点等の写真を撮影する。

その他の所見として、自由記載も可能である（図７−５、口絵31）。根株が１つで幹が数本ある「株立ち」の木には、各幹にタグをつける。その１つを樹木の個体番号とする。

⑥携帯電話の電波状況の良い場所で、記録データをサーバにアップロードする。現状では、立木の緯度経度は自動入力されないので、ＧＰＳデータを必要とする場合は別途入力する。

⑦記録データはパソコンのウエブサイトで閲覧およびダウンロードできる。

以上は、森林学分野の毎木調査と共通する部分はあるが、樹高データは不要であり、低木種や幼木は調査外としている。また、樹種識別は材利用上必要なレベルでよいので、種名の記載としている。購入者が確認したいのは材質の良否であるため、通直部分でも枝折れのあとや腐朽の可能性がある部分は写真で記録する。直径と通直部の長さの計測には、ｉＰｈｏｎｅのレーザー測量機能（ＬｉＤＡＲスキャナ）を利用できる。

所有者と購入者のマッチング（表７−２、７−３）

①調査データは立木段階のカタログとして、購入の可能性がある企業等に提供する。

②希望により現地視察を実施した上で、購入するかどうか決定して貰う。森林所有者の販売希

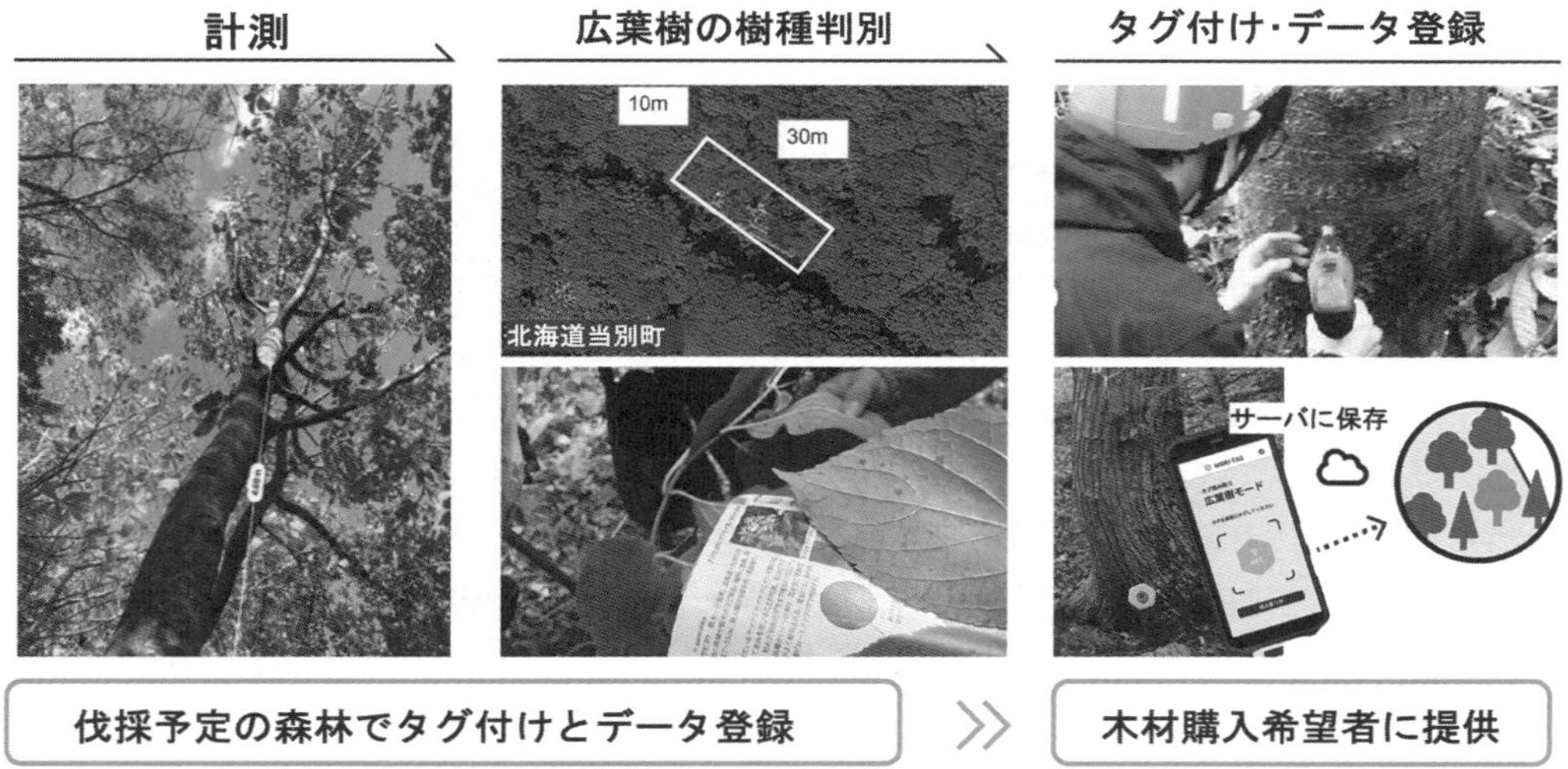

図 7-5　立木デジタルカタログの作成手順

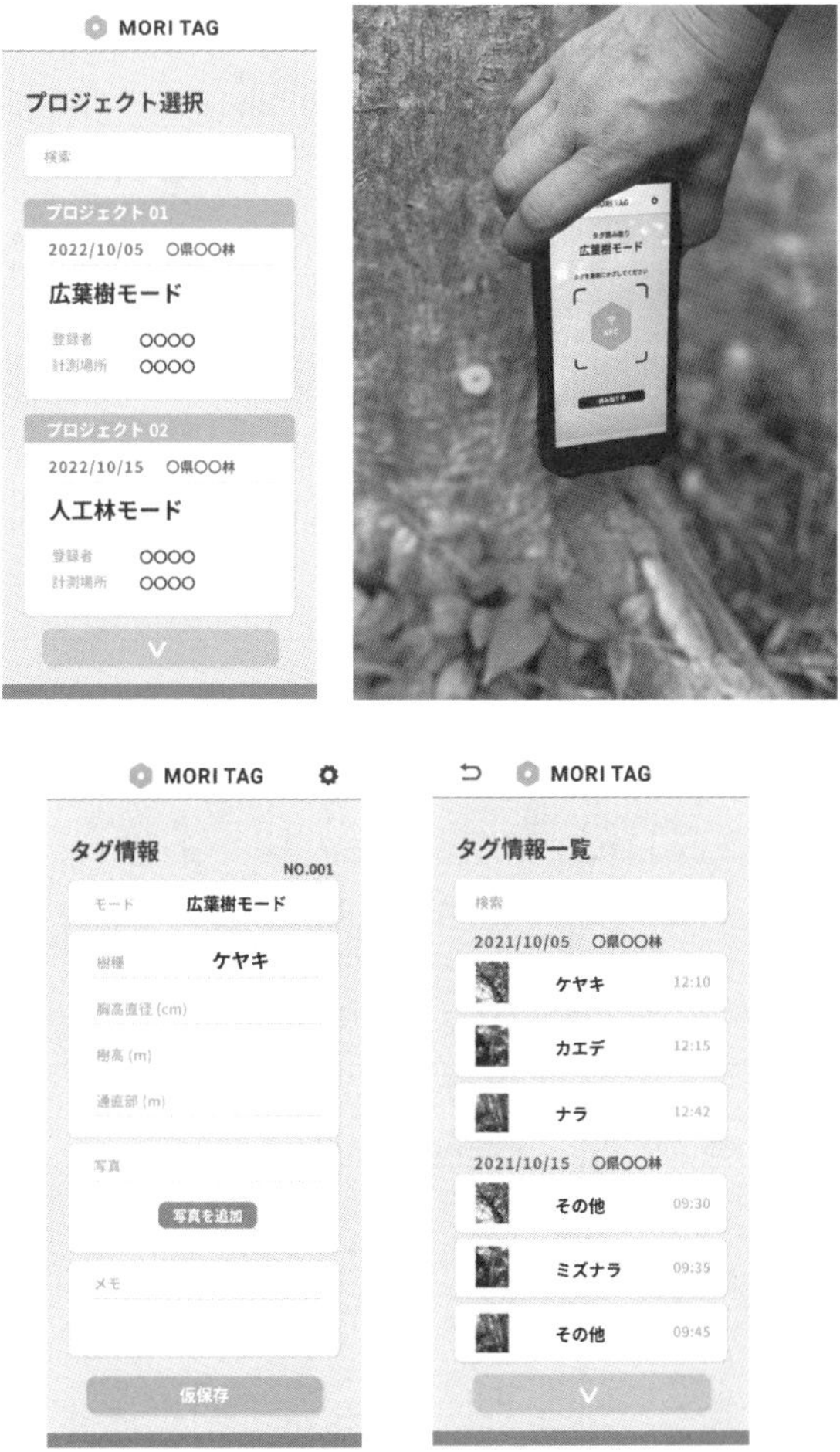

図 7-6　データの入力画面

表7-2　電子タグ付けによる資源調査の概要

北海道石狩郡当別町、2021年10月、10m×30m区画（0.03ha）

樹種名	学名	タグ設置幹数(本)	胸高直径(cm) 平均	標準偏差	最大値	最小値	推定材積(m^3)
イタヤカエデ	*Acer mono* Maxim.	11	19.3	7.2	34.1	9.9	1.2
ミズナラ	*Quercus crispula*	10	31.5	11.6	56.9	17.0	4.0
ハリエンジュ	*Robinia pseudoacacia*	8	22.5	7.4	40.7	16.3	1.9
ホオノキ	*Magnolia obovata*	6	23.4	9.9	35.3	10.7	1.2
ウダイカンバ	*Betula maximowicziana*	4	45.4	5.4	52.6	37.5	3.9
コシアブラ	*Chengiopanax sciadophylloides*	3	20.3	7.4	30.4	12.8	0.4
ハウチワカエ	*Acer japonicum*	3	12.0	2.2	15.0	10.4	0.0
ハルニレ	*Ulmus davidiana var. japonica*	3	16.2	4.4	21.1	10.3	0.3
シナノキ	*Tilia japonica*	2	19.2	0.5	19.7	18.7	0.2
ナナカマド	*Sorbus commixta*	2	27.9	6.9	34.8	21.0	0.2
オオヤマザクラ	*Prunus sargentii*	1	34.9	-	34.9	34.9	0.3
サワシバ	*Carpinus cordata*	1	15.8	-	15.8	15.8	0.0
シラカンバ	*Betula platyphylla*	1	30.4	-	30.4	30.4	0.4
ハリギリ	*Kalopananax pictus*	1	47.2	-	47.2	47.2	0.6
合計	**total**	**56**	**24.9**		**56.9**	**9.9**	**14.8**

滋賀県高島市今津町椋川、2022年5月、10m×10m区画×3（0.03ha）

樹種名	学名	タグ設置幹数(本)	平均	標準偏差	最大値	最小値	推定材積(m^3)
コナラ	*Quercus serrata*	14	17.3	6.4	35.1	9.6	2.0
カナクギノキ	*Lindera erythrocarpa*	11	17.1	7.1	31.2	6.8	0.9
クリ	*Castanea crenata*	7	29.0	7.9	42.6	16.0	2.5
ヤマザクラ	*Cerasus jamasakura*	5	22.0	9.6	33.9	7.2	1.4
ホオノキ	*Magnolia obovata*	2	27.6	0.1	27.8	27.5	0.6
ウワミズザクラ	*Prunus grayana*	1	13.9	-	13.9	13.9	0.1
タムシバ	*Magnolia salicifolia*	1	10.6	-	10.6	10.6	0.0
カキノキ	*Diospyros kaki*	1	25.6	-	25.6	25.6	0.0
ウリハダカエ	*Acer rufinerve*	1	16.9	-	16.9	16.9	0.1
合計	**total**	**43**	**20.1**		**42.6**	**6.8**	**7.6**

長野県大町市、2022年6月、30m×25m区画（0.075ha）

樹種名	学名	タグ設置幹数(本)	平均	標準偏差	最大値	最小値	推定材積(m^3)
ミズナラ	*Quercus crispula*	10	38.1	9.2	57.6	28.6	10.2
ホオノキ	*Magnolia obovata*	8	30.9	7.3	47.3	23.2	5.0
クリ	*Castanea crenata*	7	41.3	6.8	51.7	29.3	9.8
イタヤカエデ	*Acer mono* Maxim.	5	17.3	3.7	22.1	13.2	0.9
コハウチワカ	*Acer sieboldianum*	4	13.7	3.1	19.0	11.1	0.2
クマシデ	*Carpinus japonica*	2	11.1	3.1	14.2	8.1	0.0
コシアブラ	*Chengiopanax sciadophylloides*	2	18.1	3.9	22.0	14.3	0.2
ハウチワカエ	*Acer japonicum*	2	8.9	0.5	9.4	8.5	0.0
ウダイカンバ	*Betula maximowicziana*	2	45.2	11.9	57.1	33.4	3.1
ミズメ	*Betura grossa*	2	36.0	1.1	37.1	34.9	1.8
ハリギリ	*Kalopananax pictus*	1	34.1	-	34.1	34.1	1.1
タムシバ	*Magnolia salicifolia*	1	11.1	-	11.1	11.1	0.0
合計	**total**	**46**	**29.1**		**57.6**	**8.1**	**32.3**

表7-3　個体単位の計測データ一覧（長野県大町市）

電子タグ番号	樹種名	胸高直径(cm)	基部断面積(m^2/ha)	樹高(m)	幹の通直部(m)	材積(m^3)
1	ミズナラ	43.4	2.0	21	6.0	0.9
2	クリ	51.7	2.8	21	12.7	2.7
3	ホオノキ	47.3	2.3	21	10.6	1.9
4	ホオノキ	23.2	0.6		4.0	0.2
5	イタヤカエデ	16.4	0.3	10	3.5	0.1
6	クリ	42.7	1.9	18	12.7	1.8
7	ホオノキ	28.0	0.8	20	9.2	0.6
8	ハリギリ	34.1	1.2	22	12.0	1.1
9	イタヤカエデ	21.2	0.5	12	7.0	0.2
10	イタヤカエデ	22.1	0.5	19	11.0	0.4
11	クリ	47.2	2.3	19	11.0	1.9
12	ミズナラ	35.5	1.3	17	9.0	0.9
13	コハウチワカエデ	12.1	0.2	10	3.0	0.0
14	クマシデ	14.2	0.2	7	1.0	0.0
15	ホオノキ	27.9	0.8	20	8.0	0.5
16	ミズナラ	57.6	3.5	22	9.2	2.4
17	ミズナラ	30.1	1.0	22	12.0	0.9
18	クリ	29.3	0.9	23	10.0	0.7
19	コハウチワカエデ	12.6	0.2	10	2.0	0.0
20	ミズナラ	49.6	2.6	22	9.0	1.7

43個体のうち20個体の値を示す。各個体の写真は割愛した

望範囲を全て購入しない場合は、他の購入希望者も募る。

③購入希望者と契約を進めて、伐採範囲を決定し、伐採・搬出の段取りを行う。この段階では森林総合監理士などのコーディネータによるサポートが望ましい。

現在は、信頼できる相手にカタログデータを直接渡す方法をとっている。将来的にはオンラインで購入できることが望ましいかも知れないが、森林資源は私有財産であるため、情報閲覧についてはセキュリティ面の警

戒が必要である。

製材を含む地元の関与

①土場で玉切りする際に、電子タグの子タグ（枝番号つき）を各丸太に取り付けるか、木口面へのＩＤ番号の記入を必ず行う。この作業を実施すると、トレーサブルな商品にできる。データの継承に関しては、製材時にＱＲコードにするなど、製材以降の運搬や転売も念頭に置いた工夫が必要であろう。

②丸太から板への製材は、できる限り地元の製材所を活用する。丸太購入者がそのまま圏外に運び出して製材すると、地域としての林業振興につながらないので、ここに注意が要る。

③製材後およびその後の運搬，乾燥等の指示は購入者との協議で決定する。

なお、製材や乾燥については、対応できる業者が各地で減少している。信頼できる技術のある製材所を選択することや、製材所が近隣にない場合の依頼先を探すことなど、最初の段階では労力がかかる。

次世代林の再生

①伐採の際には、電子タグは切株の方に残す。伐採木には同時に同じＩＤを割り当てる必要がある。
②広葉樹の多くは萌芽で再生する（図4-4、口絵17参照）。伐採時に残したタグのＩＤで萌芽再生の記録を継続することが望ましい。つまり、スマートフォンアプリを用いて、再生状況の記載と写真撮影を続けるなら、次世代の森林がどのように再生するのか、推測が可能になる。
③萌芽の生育状況が望ましくない場合は、苗木の植栽や樹種の変更を行う。資源循環という意味では、次世代林の再生と生育を確認して、所有者が後継者に森林管理をバトンタッチする必要がある。電子タグによる管理では、森林の継承が可能というメリットがある。

3. 立木カタログの作成と木材資源化の実例

前項で説明したＭＯＲＩ ＴＡＧシステムの適用例と、そこから伐採・流通の流れについて、特徴的な実証例を紹介する。各調査は神戸大学大学院農学研究科森林資源学研究室の研究の一環として実施した。表7-2は各林分の調査データを集約したものである。各個体のデータには写真も添付されている。

広葉樹材販売の実現

長野県大町市

長野県大町市の荒山林業は270haの山林を所有し、カラマツ主体の人工林で林業経営を行われてきた。所有面積の7割が広葉樹林で、一部は薪炭林として利用されていたが、燃料としての利用が終わった後も、放置はせずに手入れが続けられていた（図7-7、口絵32）。この点が一般的な旧薪炭林とは異なる点である。広葉樹林は約70年生で、所有者は資源として活用したいという意向であり、MORI TAGシステムによる立木カタログ化を行った。2022年に電子タグの設置、樹種、直径、通直部分の長さ測定、特徴の写真撮影を含めた森林調査を行った。データはスマートフォンのアプリを用いてサーバにアップロードした。

調査データを家具製造のカリモク家具株式会社に提供したところ（表7-2、7-3）、現地視

図 7-7　林内の電子タグ付けと調査風景（長野県大町市）

察を行ったうえで、購入が決定した。所有者、コーディネータ、同社との協議により、伐採木の決定を経て12月初旬より伐採を開始した。伐採後は地域の森林組合の製材所において、購入者の指示に従って製材して納品され、乾燥は購入者側で実施する。

資源利用を前提とした電子タグ設置と調査

北海道当別町

札幌市から約30㎞北に位置する同町の森林担当者から、資源活用を前提とした調査の依頼を受けた。調査地は民有林で、おそらくかつては薪炭林として利用されていた二次林と推測される。２０２１年10月、林道沿いに電子タグの設置および樹種等の資源調査を行った（図7-5、口絵31）。調査項目は、樹種、直径、通直部の長さ、幹外観の写真（欠点を含む）である。用材として活用できる樹木が多いことを確認した（表7-2）。また、林道に接する平地であることも利点である。町としては、周囲の人工林とともに伐採を計画したい意向であった。

滋賀県高島市宮津町椋川

安曇川流域にある椋川地区の民有林2カ所で２０２２年5月に電子タグ付けおよび調査を実施した（表7-2）。同地域では、かつては薪炭林の他に広大な草地があり、継続的に肥料用や飼料用の草を得るため毎年火入れを行っていた。そこが半世紀以上放置された結果、広葉樹林に変化した。表7-2に示すように、クリやヤマザクラ、ホオノキなどが直径30～40㎝程度に生育しており、木材として利用できる高木はかなりある。資源利用上の問題は、昔の共有地がすべて個人に配分されたという歴史から、民有地1カ所の面積が小さく、蓄積量や本数があまり多くないことである。木材生産を行うには、ある程度の面積をまとめて情報を出すことが望ましい。所有者が伐採して利用することに積極的になるかどうかも課題である。

長野県長野市鬼無里

信州大学教育学部森林生態学研究室（井田秀行教授）が植生調査を進めている民有林において、電子タグの設置と資源の調査を行った（表7-2）。学術的な森林調査への電子タグの利用として最初の事例である。記録用のアプリの問題点の指摘など、システムの改良への貢献が大きい。さらに同林分では、所有者の了解の元で伐採～木材としての利用を計画されており、利用面においても検証を行える予定である。

ナラ枯れ初発段階で木材利用の試行

埼玉県川越市

柳沢吉保が新田開拓した三富では、今もコナラを主体とする広葉樹林が平地林として続いているが、そこにナラ枯れが蔓延しつつある（1章3、3章3参照）。高齢林を伐採して萌芽による若齢化あるいは樹種転換を図る必要があるが、県や市による公的なサポートが進んでいない。同地域ではボランティアとして個人レベルで樹木伐採を担当されているが、枯死木処理だけでは森林が持続できないことから、資源利用の方法を望んでいた。そこで、当地域と内装関係の企業とのマッチングを進めている。三富地域ではカシナガの穿入木が増加して枯死が進む地域が増えており、穿入の少ない個体を含めて早急に伐採を進める必要があり、２０２３年度から試行的にコナラ等を伐採して製材する。国産材の利用可能性を検討したい企業に板材を提供し、材質の検証を行う。なお、同地域のコナラの蓄積量が多いので、電子ダグによるデジタル管理を進める予定である。

おわりに

　里山には何を求めるのだろうか。数百年続いた薪炭林施業による里山景観は文化遺産であり、復活が望ましいという意見がある。その一方で、ニホンジカの食害対策をしつつ皆伐して萌芽更新を行うのはコストがかかるうえ、薪生産では所有者に魅力的な収入を期待できない。だから、大半の里山林は放置というシナリオで良いという主張もある。しかしながら、里山は森林資源の供給地だけではなく、国土保全にとって重要な役目を果たしており、荒廃すると災害につながるのは確実である。

　森林管理が国土保全につながることや、日本的な「もったいない」という感覚とSDGsとの関係について、意識して欲しい（189頁・図）。温暖で雨の多い日本では植物が繁茂しやすく、樹木を建築材や燃料に使う生活を千年以上続けてきた。木を伐採して燃料や木材として使いつつ、若木の再生や植林で森を持続させるという「持ちつ持たれつ」の共存関係は、場所によっては過剰利用による破綻はあったが、おおむね成り立っていた。ところが、本書で繰り返し指

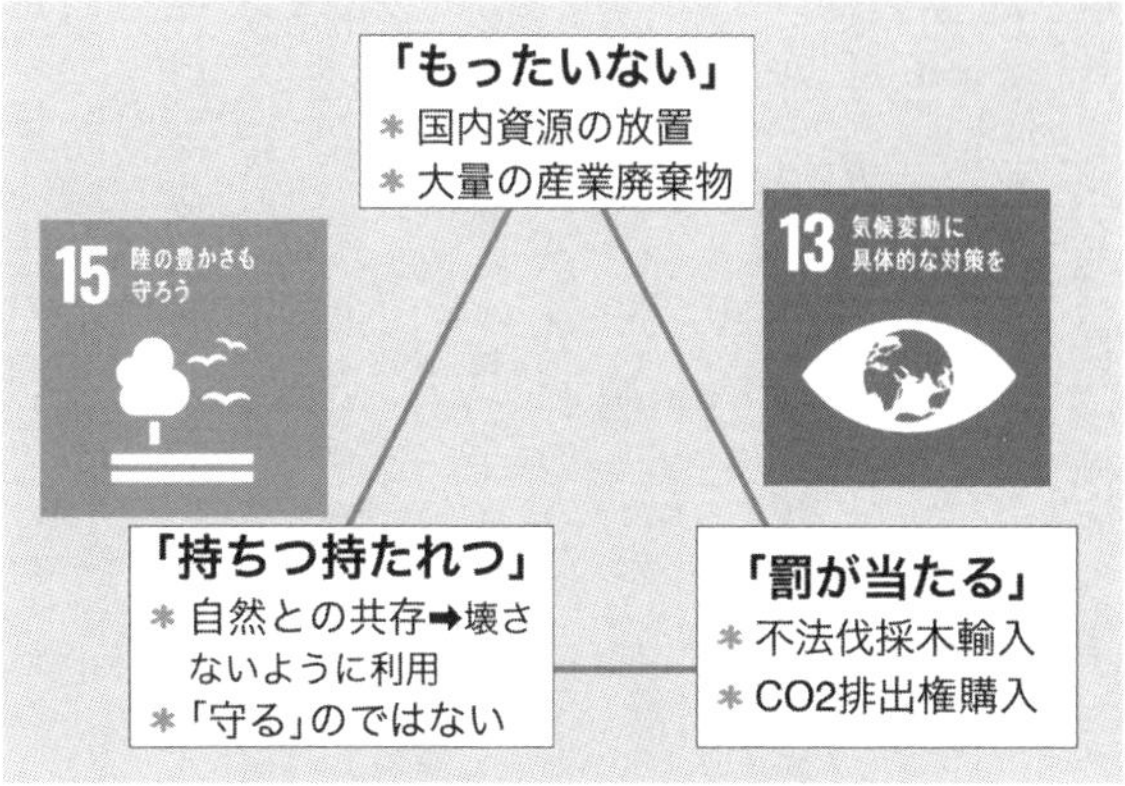

SDGsと資源循環型社会への取り組みは
「腑に落ちる」ことが大事
・グリーンウォッシュ（ごまかしのSDGs）に騙されない
・植林活動では森は続かないので、今ある資源をまず使う

摘したように、1950年代からの燃料革命以降、里山放置で森は暗くなりすぎて次世代の若木は育たず、ナラ枯れが増えてしまった。海外からの木材輸入に依存し、自国にある木を放置したのも荒廃の原因となった。つまり、日本では「資源を使わないから森林荒廃」というのが現状で、これは多くの国と異なる点である。

気候風土の異なる世界の各地で、森林とのつきあい方は違って当然である。日本では、国連のSDGs（持続可能な開発目標）にある「陸の豊かさも守ろう」を「樹木を伐採するな」と解釈しては困ったことになる。保存すべき奥山の自然林を除けば、自然任せにせずに適度に伐採して利用し、再生を促す管理が適している。

ここに国土保全の視点を入れてみる。森林や水田は、木材・燃料や作物の生産だけでなく、土砂や水を管理するという点で国土保全を担ってきた。しかし現代の経済活動のもとでは、農林業従事者による管理は続かなくなり、放置森林・農地が拡大した。ダムや橋などのインフラは定期点検して補修しないと危ないことを誰もが知っている。そして森林や農地の維持にも、インフラ整備との共通点がある。農林業は持続することが大事なのである。ただしダムとの違いは、作物や木材の生産販売が防災につながる点である。

ナラ枯れが目立ち始めたのは１９９０年頃である。すでに里山の荒廃が進んでいたが、その後さらに30年間も管理再開に力を入れない放置状態が続き、農村周辺の防災機能の低下が危惧される。二酸化炭素（CO_2）吸収源として森林への注目は増しているが、現場を見ずに数字だけが取り沙汰されて、現実離れの議論が目立つ。緑豊かな景色なら大丈夫なのではなく、人工林だけがCO_2を吸収しているのでもない。ナラ枯れはその生態系のバランスの崩れを私達に知らせてくれた「重要な出来事」である。今後は里山の広葉樹を含めた山林の現状を国土規模で点検する必要がある。「循環型社会への転換」を目標として、持ちつ持たれつの資源循環を取り戻し、農林地の機能を重視した国土保全へと進みたい。「生物多様性の保全」「CO_2吸収機能」という啓発だけでは、広大な森林を維持できないことに気づいて、現実的な行動に移りたいものである。

黒田慶子

参考資料

Good Design Award ２０２２（２０２２）広葉樹林の資産管理と木材流通［MORI TAGシステム］．事業主体名 Arboretaほか https://www.g-mark.org/award/describe/54472 ２０２３年１月８日確認

井田秀行・髙橋勤（２０１０）ナラ枯れは江戸時代にも発生していた．森林学会誌 92：１１５－１１９

（公財）かながわトラストみどり財団：カシノナガキクイムシ羽化脱出映像：https://ktm.or.jp/naragare/ ２０２３年１月８日確認認

国産広葉樹活用プロジェクト：http://koyoju.jp/ ２０２３年１月８日確認

神戸大学：第４回神戸大学ＳＤＧｓフォーラム「地域循環・自然共生社会のリデザイン～グリーン成長のための産官学連携を考える～」（２０２１年８月28日開催）動画：https://youtu.be/GExI2A79sVQ

神戸市：森林環境譲与税を活用した森林整備等の取り組み https://www.city.kobe.lg.jp/a19183/bosai/shinrinseibi/shinrinkankyoujyoyozei.html ２０２３年１月８日確認

国土交通省都市局（２０１４）平成25年度集約型都市形成のための計画的な緑地環境形成実証調査．都市の命と暮らしを支える．三富平地林の伐採と活用に関する実証調査（三富平地林保全活用協議会）報告書．１３４pp

黒田慶子編著（２００８）ナラ枯れと里山の健康．林業改良普及双書１５７．全国林業改良普及協会．１６６

pp
黒田慶子編著（２０１０）里山に入る前に考えること（改訂版）．森林総合研究所関西支所．37pp
http://www.ffpri.affrc.go.jp/fsm/research/pubs/documents/satoyama3_201002.pdf
黒田慶子（２０１０）里山資源の積極的利用で、健康な次世代里山を再生する．森林と林業11月号．12-13．日本林業協会
黒田慶子（２０１１）ナラ枯れの発生原因と対策．植物防疫65：１６２-１６５
黒田慶子（２０１３）マツ枯れはなぜしぶといのか．森林技術８５７（８月号）．２-６
黒田慶子（２０２１）ナラ枯れ被害は止められるのか？ミドリ（Midori）№１２１夏号：２-５．（公財）かながわトラストみどり財団
黒田慶子（２０２１）里山林の健全性と持続性確保のための活用とは．地域自然史と保全43：27-38
黒田慶子（２０２２）MORI TAGシステムによる国産広葉樹の流通改革（動画）
https://youtu.be/M7apiRchXsY　２０２３年1月８日確認
黒田慶子（２０２２）里山広葉樹活用プロジェクトの趣旨と概要
http://www2.kobe-u.ac.jp/~kurodak/mokuzai.html　２０２３年1月８日確認
黒田慶子・太田祐子・佐橋憲生（２０２２）森林病理学 森林保全から公園管理まで．朝倉書店．２０５pp

大住克博・奥敬一・黒田慶子編著（2014）里山管理を始めよう〜持続的な利用のための手帳〜　森林総合研究所関西支所，40pp
https://www.ffpri.affrc.go.jp/fsm/research/pubs/documents/satoyamakanri_201402.pdf
林野庁（2017）猪名川上流域の里山（台場クヌギ林），林野-RINYA-平成29年12月号
http://www.rinya.maff.go.jp/j/kouhou/kouhousitu/jouhoushi/2912.html
林野庁編（2022）令和4年版　森林・林業白書，全国林業改良普及協会，348pp．電子版は以下からダウンロード可能
https://www.rinya.maff.go.jp/j/kikaku/hakusyo/r3hakusyo/index.html（林野庁：令和3年度 森林・林業白書，令和4年5月31日公表）
斉藤正一・箕口秀夫・加賀谷悦子（2015）丸太の大量集積によるカシノナガキクイムシの誘引効果，日林誌97：100-106
生物多様性センター（環境省自然環境局）：https://www.biodic.go.jp　2023年1月8日確認
自然環境調査 Web-GIS：http://gis.biodic.go.jp/webgis/
タットマン・C（1998）日本人はどのように森をつくってきたのか（熊崎 実翻訳），築地書館，211pp

本書の著者

黒田慶子（くろだけいこ）

神戸大学名誉教授、Arboreta 合同会社代表
1956 年生まれ。1985 年、京都大学大学院農学研究科博士課程修了。農学博士。
専門分野：森林病理学、樹木組織学。1985 年から森林総合研究所において樹木萎凋病の発病メカニズムや里山保全の研究に携わり、2010 年から神戸大学大学院農学研究科教授。2022 年より京都大学生存圏研究所特任教授、株式会社ダイセル・アドバイザーを兼務。
日本森林学会会長・理事を歴任、樹木医学会理事、The International Academy of Wood Science 理事、大日本山林会理事。
主な著書：森林病理学（朝倉書店、共著）、ナラ枯れと里山の健康（全国林業改良普及協会）、森林保護学（朝倉書店、共著）など
ホームページ：http://www2.kobe-u.ac.jp/~kurodak/Top.html, https://www.arboreta.co.jp/

松岡達郎（まつおかたつお）

ひょうご森林林業協同組合連合会技術専門員
1955 年生まれ。京都大学農学部卒業。
神戸市役所で緑の基本計画、六甲山森林整備戦略の策定など担当。
森林環境譲与税の活用に関する業務担当後、引き続き、2023 年よりひょうご森林林業協同組合連合会で神戸市プラットフォーム事業担当。

林業改良普及双書　No.204

ナラ枯れ被害を防ぐ里山管理

2023年3月1日　初版発行

編　者 —— 黒田慶子
発行者 —— 中山 聡
発行所 —— 全国林業改良普及協会
〒100-0014 東京都千代田区永田町1-11-30
サウスヒル永田町５F
電話　03-3500-5030
注文FAX　03-3500-5039
ＨＰ　http://www. ringyou. or. jp/
Mail　zenrinkyou@ringyou.or.jp
装　幀 —— 野沢清子
印刷・製本 — 株式会社技秀堂

ISBN978-4-88138-441-1

一般社団法人全国林業改良普及協会（全林協）は、会員である都道府県の林業改良普及協会（一部山林協会等含む）と連携・協力して、出版をはじめとした森林・林業に関する情報発信および普及に取り組んでいます。

全林協の月刊「林業新知識」、月刊「現代林業」、単行本は、下記で紹介している協会からも購入いただけます。

www.ringyou.or.jp/about/organization.html
＜都道府県の林業改良普及協会（一部山林協会等含む）一覧＞